高等职业教育建设工程管理类专业系列教材
GAODENG ZHIYE JIAOYU JIANSHE GONGCHENG GUANLI LEI ZHUANYE XILIE JIAOCAI

JIANZHU YU ZHUANGSHI GONGCHENG JILIANG YU JIJIA

建筑与装饰工程计量与计价

主 编 / 贾红霞
副主编 / 赵向东 曾令富 赵 雁
参 编 / 陈 浈 汪雪琪
主 审 / 丁 承 刘 岩

重庆大学出版社

内容提要

本书根据教育部工程造价工程技术人员岗位能力要求进行编写，共分为6个项目，主要内容包括建筑工程造价的基础知识、建筑工程计量与计价成果文件初识、建筑面积、建筑工程计量与计价、装饰装修工程计量与计价、措施项目计量与计价。本书可作为高等职业院校工程造价专业、建筑工程技术专业的教学用书，也可作为工程造价专业技术人员从业的参考资料。

图书在版编目（CIP）数据

建筑与装饰工程计量与计价 / 贾红霞主编. -- 重庆：重庆大学出版社，2025. 3. --（高等职业教育建设工程管理类专业系列教材）. -- ISBN 978-7-5689-4488-5

Ⅰ. TU723.32

中国国家版本馆 CIP 数据核字第 20254L3A58 号

建筑与装饰工程计量与计价

主　编：贾红霞
副主编：赵向东　曾令富　赵　雁
主　审：丁　承　刘　岩
策划编辑：林青山　刘颖果
责任编辑：陈　力　版式设计：刘颖果
责任校对：王　倩　责任印制：赵　晟

*

重庆大学出版社出版发行
出版人：陈晓阳
社址：重庆市沙坪坝区大学城西路 21 号
邮编：401331
电话：(023) 88617190　88617185(中小学)
传真：(023) 88617186　88617166
网址：http://www.cqup.com.cn
邮箱：fxk@cqup.com.cn（营销中心）
全国新华书店经销
重庆紫石东南印务有限公司印刷

*

开本：787mm×1092mm　1/16　印张：12.5　字数：314 千
2025 年 3 月第 1 版　2025 年 3 月第 1 次印刷
ISBN 978-7-5689-4488-5　定价：49.00 元

前　言

《建筑与装饰工程计量与计价》根据教育部发布新版《职业教育专业简介》目录，贯彻职业院校在专业建设和转型升级中的政策指引精神，编写于我国乡村振兴、建造技术迅速发展之际，深度对接新发展阶段的新业态、新技术、新职业，融入数字化计量与计价思想。将深化专业内涵建设，优化人才培养方案，完善课程体系，落实实习实训目标融入其中。

本书根据《建设工程工程量清单计价规范》(GB 50500—2013)，《房屋建筑与装饰工程工程量计算规范》(GB 50854—2013)，相关标准图集、施工图纸、作者一线教学的积累等编写，将理论讲解与实践教学相融合，以施工图预算的编制为导向，从识图、了解规范、熟记计算规则入手，借助相关的软件建模算量，组价调价，再确定其他项目、措施项目、规费与税金，最后形成了一份完整的施工图预算书；在装饰工程部分的内容后面附有一套完整的施工图预算书供学习参考。本书包含了较多的实际案例，初学者可以通过学习这些案例，加深对规范的理解，提高工程计量与计价的实际操作能力。

具体编写分工如下：项目1由贾红霞编写任务1、3、4、5，陈湞编写任务2；项目2由贾红霞编写任务1，汪雪琪编写任务2、3；项目3由贾红霞编写任务1，陈湞编写任务2,3；项目4由贾红霞编写任务1、2、3、5、6、8、9，陈湞编写任务7，汪雪琪编写任务4；项目5由曾令富编写任务1、2、4，赵向东编写任务3、5、6,7，赵雁编写任务8及任务9(案例)；项目6由曾令富编写；本书由丁承、刘岩担任主审。衷心感谢所有为本书编写提供帮助的老师，向提出宝贵建议和指导的老师们致以崇高敬意！

由于水平有限，不妥和错漏之处在所难免，恳请广大读者批评指正。

编　者

2025年4月

目　录

项目1　建筑工程造价的基础知识

任务1　工程造价基础知识

1.1.1　基本建设的概念与相关知识

基本建设是指国民经济各部门为发展生产而进行的固定资产的扩大再生产，即国民经济各部门为增加固定资产而进行的建筑、购置和安装工作的总称。例如，公路、铁路、桥梁和各类工业及民用建筑等工程的新建、改建、扩建、恢复工程，以及机器设备、车辆船舶的购置安装及与之有关的工作，都称为基本建设。

基本建设的主要内容如下：

①建筑安装工程。包括各种土木建筑、矿井开凿、水利工程建筑、生产、动力、运输、实验等各种需要安装的机械设备的装配，以及与设备相连的工作台等装设工程。

②设备购置。即购置设备、工具和器具等。

③勘察、设计、科学研究实验、征地、拆迁、试运转、生产职工培训和建设单位管理工作等。

基本建设是促进社会生产发展和提高人民生活水平的重要手段。它为国民经济各部门新增固定资产和生产能力，对有计划地建立新兴产业部门，调整原有经济结构，合理分布生产力，采用先进技术改造国民经济，加快生产发展速度，以及为社会提供住宅和科研、文教卫生设施以及城市基础设施，改善人民物质文化生活等方面都具有重要意义。基本建设工程建设周期长，要在较长的时间内占用和消耗大量的生产资料、生活资料和劳动力。在社会主义经济建设中，要十分重视并合理确定建设规模，选择投资方向，讲求效果，以充分发挥基本建设应有的积极作用。

地理学范畴的基本建设投资是以货币形式表现的基本建设工作量，其来源主要是国家预算内基建拨款及专项拨款，部门、地方和企业自筹投资，以及国内外基建贷款。基本建设在整个国民经济中占有重要地位，对经济发展起着主导、决定性作用。通过基本建设可以改变国民经济的重大比例关系，调整产业和部门结构及生产力的地区分布，促进国民经济健康发展。

1.1.2　建设项目总投资

建设项目总投资是指为完成工程项目建设,在建设期(预计或实际)投入的全部费用总和。建设项目按用途分为生产性建设项目和非生产性建设项目。生产性建设项目总投资包括建设投资(含固定资产投资、无形资产投资、递延资产投资等)、建设期贷款利息和铺底流动资金3个部分,如图1.1所示。非生产性建设项目总投资只有固定资产投资,不包括流动资产投资。

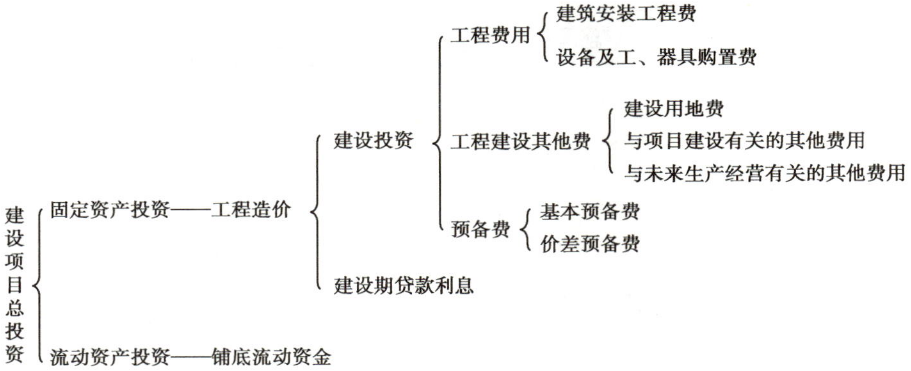

图1.1　建设项目总投资构成图

(1)固定资产投资

固定资产投资包括建筑工程费、设备购置费、安装工程费及其他费用。

其中,其他费用包括项目实施费用——可行性研究费用及其他费用;项目实施期间发生的费用——土地征用费、设计费、生产准备费、职工培训费。

预备费包括基本预备费、价差预备费。

(2)流动资产投资

流动资产投资是指项目投产前预先垫付,在投产后的经营过程中购买原材料、燃料动力、备品备件、支付工资和其他费用以及产品、半成品和其存货占用的周转资金。在生产经营活动中流动资产以现金、各种存款、存货、应收及预付款项等流动资产形态出现。

流动资产在项目寿命期内,始终被占用并周而复始地流动,寿命期结束时,全部退出生产与流通,以货币资金形式被回收。

其他资金回收时间从投入生产之日起,所用时间长短由投资项目特点、收益状况、回收计算方法和国家的有关规定等因素决定。

(3)固定资产回收

①回收时间:生产期。

②回收形式:折旧。

固定资产在使用中会逐渐磨损和贬值,使用价值逐步转移到产品中,这种伴随固定资产损耗发生的价值转移称为固定资产折旧。转移的价值以折旧的形式计入成本,通过产品销售以货币的形式回到投资者手中。

(4)流动资产回收

项目期末回收全部流动资产。

1.1.3　基本建设的分类与基本建设程序

1）建设项目的分类

建设项目的分类示意图如图 1.2 所示。

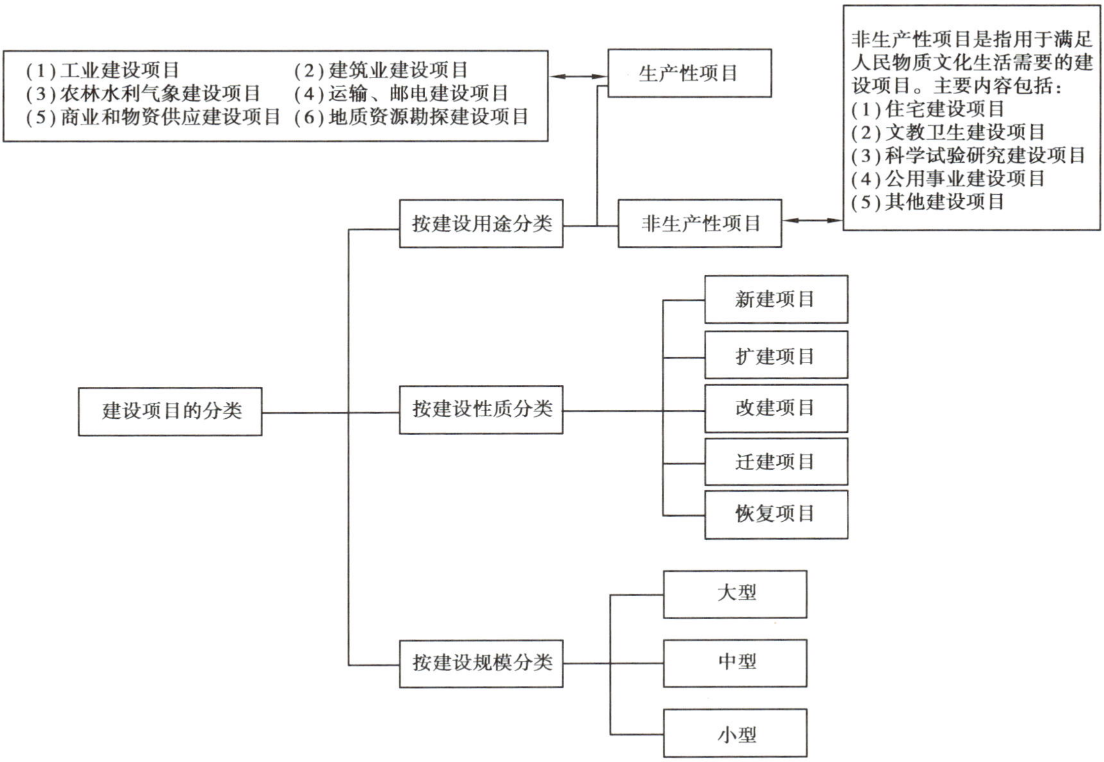

图 1.2　建设项目的分类示意图

①按建设的用途分为生产性项目和非生产性项目。

a. 生产性项目是用于物质生产和直接为物质生产服务的建设项目，包括工业建设、建筑业建设、地质资源勘探建设和农林水利气象建设项目等。

b. 非生产性项目是指用于人民物质和文化生活需要的建设项目，包括住宅建设、文教卫生建设、科学试验研究建设和公用事业建设项目等。

基本建设是形成固定资产的生产活动。固定资产是指在其有效使用期内重复使用且不改变其实物形态的主要劳动资料。它是人们生产和活动的必要物质条件，是一个物质资料生产的动态过程，这个过程概括起来，就是将一定的物资、材料、机器设备通过购置、建造和安装等活动转化为固定资产，形成新的生产能力或使用效益的建设工作。

地理学范畴的基本建设是指以扩大生产能力或新增工程效益为主要目标的新建、扩建工程及有关工作。它是以投资形式来实现的固定资产再生产，也是落实项目布局的最终环节。地理学角度的基本建设，其主要内容包括工厂、矿井、铁路、桥梁、港口、电站、医院、学校、住宅和商店等的新建、改建、扩建和恢复工程，以及机器设备、车辆等的购置与安装。

②按建设的性质分为新建项目、扩建项目、改建项目、迁建项目和恢复项目。

a. 新建项目是指从无到有、平地起家的建设项目。

b. 扩建和改建项目是指在原有企业、事业、行政单位的基础上，扩大产品的生产能力或增加新的产品生产能力，以及对原有设备和工程进行全面技术改造的项目。

c. 迁建项目是指原有企业、事业单位，出于各种原因，经有关部门批准搬迁到别地建设的项目。

d. 恢复项目是指对自然、战争或其他人为灾害等原因而遭到毁坏的固定资产进行重建的项目。

③按投资额构成分为建筑安装工程投资、设备工具投资和其他基本建设投资。

④按建设规模和总投资的大小分为大型、中型、小型建设项目。

⑤按建设阶段可分为预备项目、筹建项目、施工项目、建成投资项目、收尾项目。

⑥按行业性质和特点可分为竞争性项目、基础性项目、公益性项目等。

根据国民经济的长远规划和布局要求，初步提出建设项目；对建设项目进行可行性研究；提出建设项目计划任务书；选定建设地点；待计划任务书批准后，勘察设计，购置设备，组织施工，生产准备直至竣工验收支付使用。

2）建设程序

建设程序是“基本建设工作程序”的简称，是基本建设全过程中各项工作必须遵循的先后顺序。它是对基本建设过程中客观存在和起作用的时序规律的认识和反映，并据以制订出的基本建设管理工作制度。人们对基本建设时序规律的认识和反映程度不同，制订出基本建设工作程序管理制度的科学程度也就不同。中华人民共和国成立初期，国家规定的基本建设程序的内容主要是调查研究、提出计划任务书、编制设计、组织施工等。

建设程序是对基本建设项目从酝酿、规划到建成投产所经历的整个过程中的各项工作开展先后顺序的规定。它反映工程建设各个阶段之间的内在联系，是从事建设工作的各有关部门和人员都必须遵守的原则。建设程序是建设项目从筹划建设到建成投产必须遵循的工作环节及其先后顺序。

现阶段，建设程序是建设领域各部门包括管理部门应共同遵守的规则或原则。但就其实施的社会实践证明，部分内容显得空洞，或缺乏可操作性，甚至为个别人走歪门邪道提供了可能。因此，现行建设程序需要完善或补充内容，以更好地为基本建设服务。

基本建设是现代化大生产，一项工程从计划建设到建成投产，要经过许多阶段和环节，有其客观规律性。这种规律性与基本建设自身所具有的技术经济特点有着密切关系。首先，基本建设工程具有特定的用途。任何工程，无论建设规模大小，工程结构繁简，都要切实符合既定的目的和需要。其次，基本建设工程的位置是固定的。在哪里建设，就在哪里形成生产能力，也就始终在哪里从物质技术条件方面对生产发挥促进作用。工程建设受矿藏资源和工程地质、水文地质等自然条件的严格制约。基本建设的这些技术经济特点，决定了任何项目的建设过程，一般都要经过计划决策、勘察设计、组织施工、验收投产等阶段，每个阶段包含着许多环节。这些阶段和环节有其不同的工作步骤和内容，它们按照自身固有的规律，有机地联系在一起，并按客观要求的先后顺序进行。前一阶段的工作是进行后一个阶段工作的依据，没有完成前一个阶段的工作，就不能进行后一阶段的工作。项目建设客观过程的规律性，构成了基本建设的科学程序的客观内容。

在我国,按照基本建设的技术经济特点及其规律性,规定基本建设程序主要包括 9 个步骤。步骤的顺序不能任意颠倒,但可以合理交叉。这些步骤的先后顺序是:

①编制项目建议书。对建设项目的必要性和可行性进行初步研究,提出拟建项目的轮廓设想。

②开展可行性研究和编制设计任务书。具体论证和评价项目在技术和经济上是否可行,并对不同方案进行分析比较。可行性研究报告作为设计任务书(也称计划任务书)的附件。设计任务书对是否上这个项目、采取什么方案、选择什么建设地点作出决策。

③进行设计。从技术和经济上对拟建工程作出详尽规划。大中型项目一般采用两段设计,即初步设计与施工图设计。技术复杂的项目,可增加技术设计,按 3 个阶段进行。

④安排计划。可行性研究和初步设计,送请有资质的工程咨询机构评估,经认可,报计划部门,经过综合平衡,列入年度基本建设计划。

⑤进行建设准备。包括征地拆迁,做好"三通一平(通水、通电、通道路、平整场地)",落实施工力量,组织物资订货和供应,以及其他各项准备工作。

⑥组织施工。准备工作就绪后,提出开工报告,经过批准,即开工兴建。遵循施工程序,按照设计要求和施工技术验收规范,进行施工安装。

⑦生产准备。生产性建设项目开始施工后,及时组织专门力量,有计划、有步骤地开展生产准备工作。

⑧验收投产。按照规定的标准和程序,对竣工工程进行验收,编制竣工验收报告和竣工决算,并办理固定资产交付生产使用的手续。小型建设项目的建设程序可以简化。

⑨项目后评价。项目完工后对整个项目的造价、工期、质量、安全等指标进行分析评价或与类似项目进行对比。

遵循基本建设程序,先规划研究,后设计施工,有利于加强宏观经济计划管理,保持建设规模和国力相适应;有利于保证项目决策正确,又快又好又省地完成建设任务,提高基本建设的投资效果。20 世纪 70 年代末期以来,有关部门重申按基本建设程序办事的重要性,先后制订和颁布了按基本建设程序办事的一系列管理制度,把认真按照基本建设程序办事作为加强基本建设管理的一项重要内容。如图 1.3 所示为基本建设程序示意图。

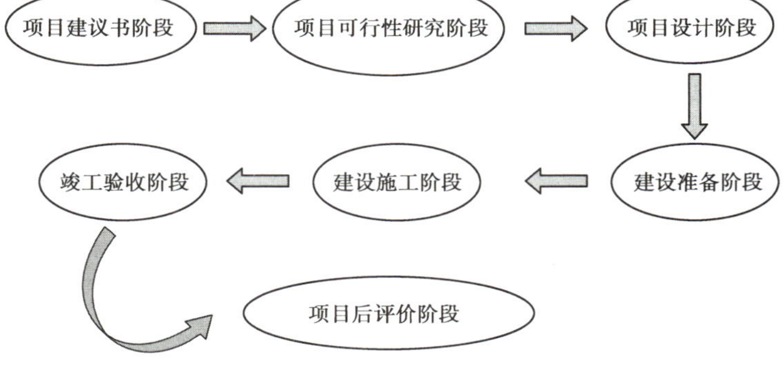

图 1.3　基本建设程序示意图

3) 工程建设各个阶段的造价文件与所参照的定额体系

工程建设各个阶段的造价文件与所参照的定额体系错综复杂，如图 1.4 所示为各阶段报价与所参照的定额体系示意图。

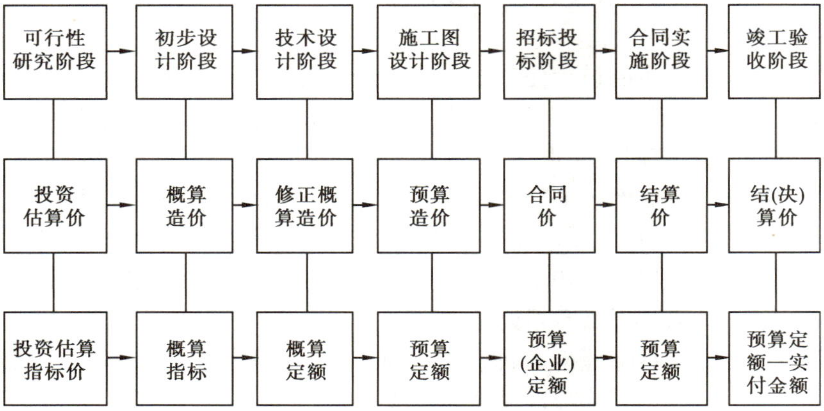

图 1.4　各阶段报价与所参照的定额体系示意图

投资控制是工程项目管理的重点和难点，在工程项目的不同阶段，项目投资有估算、概算、预算、结算和决算等不同称呼，这些“算”的依据和作用不同，其准确性“渐进明细”，能一个比一个更真实地反映项目的实际投资。

(1) 估算

估算，也称投资估算，投资估算发生在项目建议书和可行性研究阶段。估算的依据是项目规划方案(方案设计)，对工程项目可能发生的工程费用(含建安工程、室外工程、设备和安装工程等)、工程建设其他费用、预备费用和建设期利息(如果有贷款)进行计算，用于计算项目投资规模和融资方案选择，供项目投资决策部门参考。估算时要注意准确而全面地计算工程建设其他费用，这部分费用地区性和政策性较强。

(2) 概算

概算，也称设计概算，概算发生在初步设计或扩大初步设计阶段。概算需要具备初步设计或扩大初步设计图纸，对项目建设费用计算确定工程造价。编制概算要注意不能漏项、缺项或重复计算，标准要符合定额或规范。

(3) 预算

预算，也称施工图预算，施工图预算发生在施工图设计阶段。预算需要具备施工图纸，汇总项目的人、机、料的预算，确定建安工程造价。编制预算的关键是计算工程量、准确套用预算定额和取费标准。

(4) 结算

结算，也称竣工结算，竣工结算发生在工程竣工验收阶段。结算一般由工程承包商(施工单位)提交，根据项目施工过程中的变更洽商情况，调整施工图预算，确定工程项目最终结算价格。结算的依据是施工承包合同和变更洽商记录(注意各方签字)，准确计算暂估价和实际发生额的偏差，对照有关定额标准，计算施工图预算中的漏项和缺项部分的应得工程费用。

(5)决算

决算，也称竣工决算，竣工决算发生在项目竣工验收后。决算一般由建设单位编制或委托编制，汇总计算项目全过程实际发生的总费用。决算在编制竣工决算总表和资产清单时，要注意全面、真实地反映项目实际造价结算和客观地评价项目实际投资效果。

任务2　工程费用构成

1.2.1　工程造价的概念与特点

1)工程造价的概念

工程造价的信息时刻伴随着人们，那什么是工程造价呢？

工程造价，广义理解是指建设工程项目建造的价格。从建设最大的两个主体业主及承包商来看，工程造价分为投资费用和产品价格两种含义。

广义理解：从业主的角度——总投资（固定资产投资）。

狭义理解：从承包商的角度（交易价）——建筑安装工程的价格和建设工程总价格。

建设工程项目既是一个产品又是一个商品，其建设的特殊性使其建造价格的确定具有独特的属性，如单件性计价、多次性计价、工程结构分解组合计价、计价方法的多样性等，造价的计算非常专业，并具有技术与经济相结合的特点。

2)工程造价的特点

(1)大额性

工程项目的造价动辄数百万、数千万元等，特大工程项目的造价可达百亿元人民币，造价的单位通常是亿元、万元。

(2)动态性

任何一项工程从决策到竣工交付使用，都有一个较长的建设期。在这期间，如工程变更，材料价格、费率、利率、汇率等可能会发生变化，这些变化必然影响工程造价的变动，直至竣工决算后才能最终确定工程造价。工程建设周期长，资金的时间价值突出。

(3)个别性、差异性

任何一项建设工程都有特定的要求，其功能、用途各不相同，使得每一项工程的结构、造型、平面布置、设备配置和内外装饰都有不同的要求。工程内容和实物形态的差别决定了工程造价的差异性。

(4)层次性

建设项目组成的层次性决定了工程造价的层次性，一个建设项目往往含有多个单项工程，一个单项工程又由多个单位工程组成。与此相适应，工程造价也由3个层次相对应，即建设项目总造价、单项工程造价和单位工程造价。

1.2.2　建筑安装工程费

根据《建筑安装工程费用项目组成》（建标〔2013〕44号），建筑安装工程费有以下两种组成方式：

①按费用构成要素划分，建筑安装工程费由人工费、材料费、施工机具使用费、企业管理费、利润、规费和税金组成，如图1.5所示。

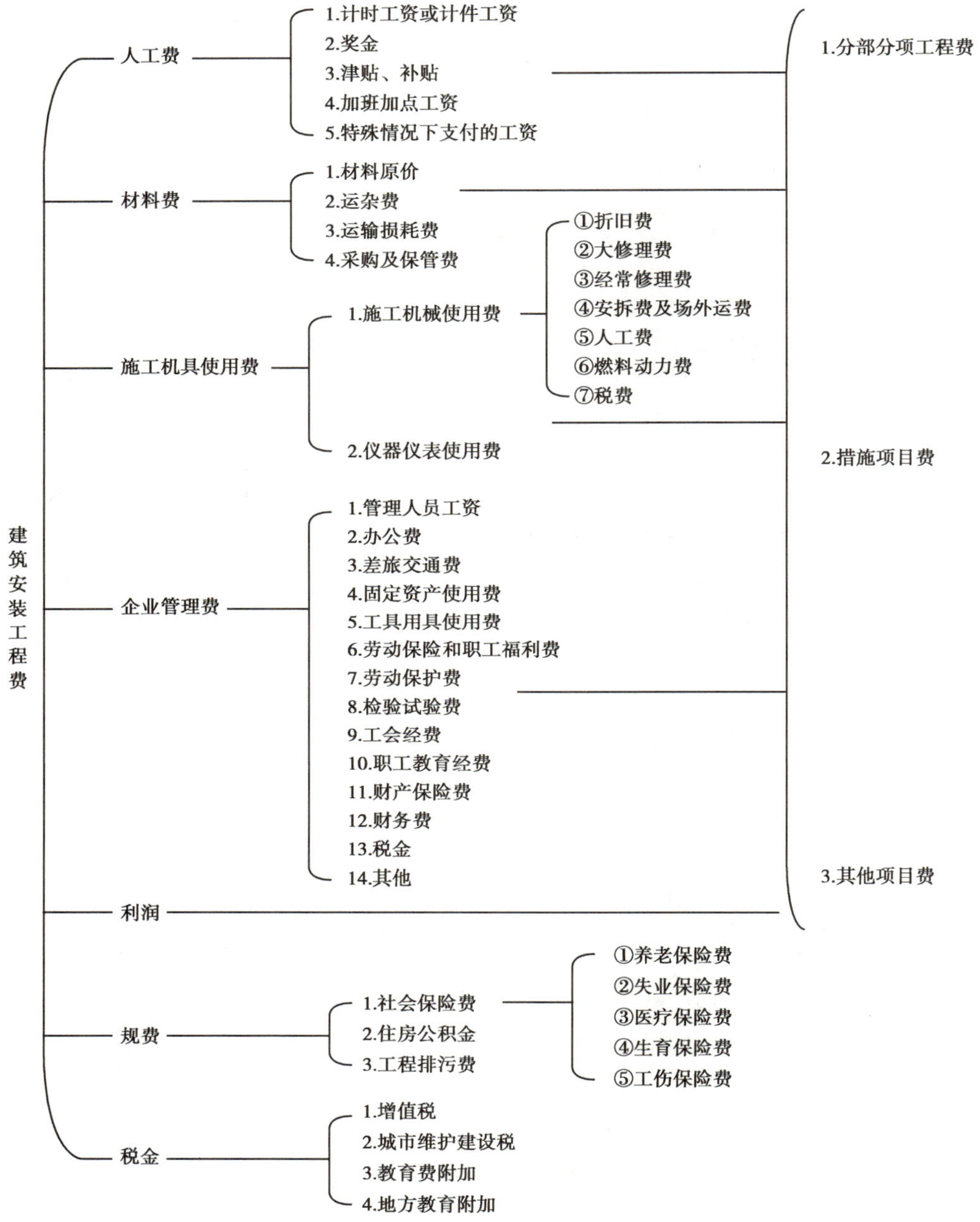

图1.5　按费用构成要素划分的建筑安装工程费

②按工程造价形成，建筑安装工程费由分部分项工程费、措施项目费、其他项目费、规费和税金组成，如图1.6、图1.7所示。

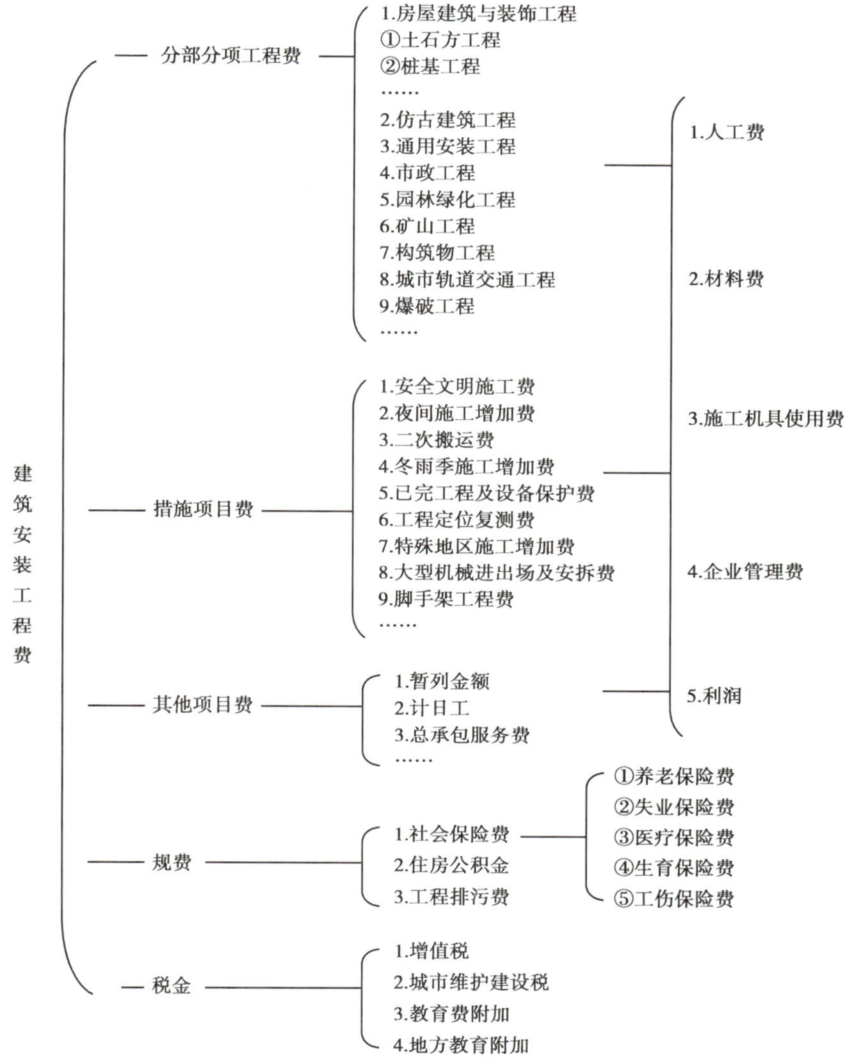

图 1.6　按工程造价形成划分的建筑安装工程费

建筑安装工程清单计价费用组成

1. 分部分项工程费：工程量×综合单价（人工费、材料费、施工机具使用费、企业管理费、利润、风险）
2. 措施项目费：通用措施项目（组织）、专用措施项目（技术）
3. 其他项目费用：暂列金额、暂估价、计日工、总承包服务费
4. 规费（五险一金一排污）：工程排污费、社会保险费（养老、失业、医疗、工伤、生育保险）、住房公积金
5. 税金：增值税销项税额

图 1.7　建筑安装工程清单计价费用组成示意图

1）分部分项工程费

分部分项工程费是指各专业工程的分部分项工程应予列支的各项费用。其中，专业工程是指按现行国家计量规范划分的房屋建筑与装饰工程、仿古建筑工程、通用安装工程、市政工

程、园林绿化工程、矿山工程、构筑物工程、城市轨道交通工程、爆破工程等各类工程。

$$分部分项工程费 = \sum 清单工程量 \times 综合单价$$

综合单价是完成一个规定清单项目所需的人工费、材料和工程设备费、施工机具使用费和企业管理费、利润,以及一定范围内的风险费用。分部分项工程量清单项目综合单价计算表见表 1.1。

表 1.1　分部分项工程量清单项目综合单价计算表

工程名称:某工程　　　　计量单位:m^3

项目编码:010×××××××××　　　　工程量:3.2

项目名称:现浇混凝土矩形柱 C30　　　　清单项目综合单价:246.39 元/m^3

序号	定额编号	工程内容	单位	数量	综合单价/元		其中/元							
							人工费		材料费		机械费		综合费	
					单价	合价	单价	合价	单价	合价	单价	合价	单价	合价
1	AD0065	现浇混凝土矩形柱 C30	m^3	3.2	246.39		53.38		161.89		4.89		26.22	
2														
3														
4	清单项目合价		m^3	3.2										
5	清单项目综合单价		m^3	1										

(1)人工费

$$人工费 = \sum (日工资单价 \times 工日消耗量)$$

最低日工资单价不得低于工程所在地人力资源和社会保障部门所发布的最低工资标准:普工 1.3 倍;一般技工 2 倍;高级技工 3 倍。工程计价定额不可只列一个综合工日单价,应根据技术要求和工种差别适当地划分多种日工资单价。

(2)材料费

材料费是指施工过程中耗费的构成工程实体的原材料、辅助材料、构配件、零件、半成品或成品、工程设备的费用。主材费是指主要材料所占的费用、成品及半成品的材料费。

材料费包括材料原价、运杂费、运输损耗费、采购及保管费。

①按材料来源分。

a. 外购材料:承包人在市场上采购的材料,如钢材、水泥、化工材料、五金、燃料、沥青、木材等。

b. 自采加工材料:主要是指由承包人自行组织人员进行采集并加工的砂、石、黏土等自采材料。

②按材料在设计和施工生产过程中所起的作用分。

a. 主要材料:主要是指建筑工程中使用的构成产品或工程实体的各种量大或昂贵的材料,如钢材、水泥、石油沥青、石灰、砂、石料等。

b. 次要材料：主要是指相对于主要材料而言用量较少的各种材料，如电焊条、铁钉、铁丝等。

c. 周转性材料：主要是指在施工生产作业过程中，可以反复多次地周转使用的材料，如模板、脚手架、支架、拱盔、钢轨、钢丝绳以及配套的附件等。

d. 辅助材料：主要是指有助于产品和工程实体的形成或便于施工生产的顺利进行而使用的材料，它们不构成工程实体，如油燃料、氧气、脱模剂、减水剂及机械的各种零配件等。

(3)机械费和设备费

施工机械使用费，简称机械费，是指在施工过程中使用施工机械所发生的费用，包括自有施工机械使用费和租赁施工机械使用费两种。

设备费是指在建筑工程建设中，单体设备购置过程中所产生的费用。设备费包括设备原价、运杂费、运输保险费和采购及保管费。

机械台班人工费的计算公式如下：

台班人工费＝定额机上人工工日×日工资单价

其中，定额机上人工工日＝机上定员工日×(1+增加工日系数)。

增加工日系数＝(年日历天数－规定节假公休日－辅助工资中年非工作日－机械年工作台班)÷机械年工作台班；增加工日系数取定为25%。

机械台班：单位机械在一个工作班(8 h)内发挥的机械效能。建筑施工机械台班费是以“台班”为单位计算确定的，一台班为8 h。机械台班费由第一类费用(也称不变费)和第二类费用(也称可变费)组成。

2)措施项目费

措施项目清单包括为完成工程项目施工，发生于该工程施工准备和施工过程中的技术、生活、安全、环境保护等方面的非工程实体项目。

措施项目清单分类：通用措施项目和专业措施项目。

①通用措施项目：对所有专业都通用，如图1.8所示。

②专业措施项目：某个专业所特有的措施项目。

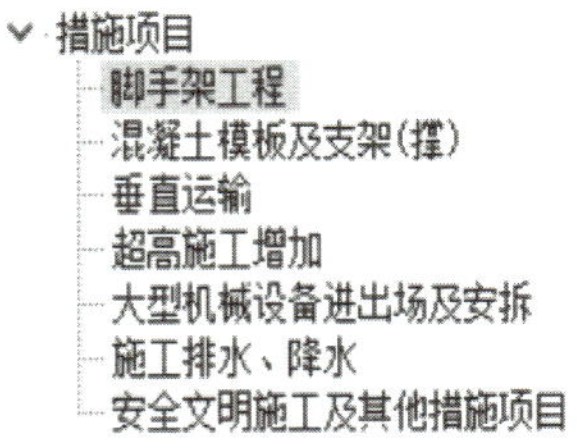

图1.8　通用措施项目清单划分示意图

3)其他项目清单

其他项目清单包括暂列金额、总承包服务费、计日工、暂估价等内容。

暂列金额是指招标人在工程量清单中暂定并包括在合同价款中的一笔款项。用于施工合同签订时尚未确定或者不可预见的所需材料、工程设备、服务的采购，施工中可能发生的工程变更、合同约定调整因素出现时的工程价款调整以及发生的索赔、现场签证确认等的费用。

暂列金额一般不得超过估算总造价的20%。工程结算时，暂列金额应予取消，另根据工程实际发生项目增加费用。

采用工程量清单计价的工程，暂列金额按招标文件编制，列入其他项目费。采用工料单价计价的工程，暂列金额单独列项计算。暂列金额是业主方的备用金，是由业主的咨询工程师事先确定并填入招标文件中的金额。

暂列金额应由监理人报发包人批准后指令全部或部分使用，或者根本不予使用。

暂估价是指发包人在工程量清单或预算书中提供的用于支付必然发生但暂时不能确定

价格的材料、工程设备的单价、专业工程以及服务工作的金额。招标投标中的暂估价是指总承包招标时不能确定价格而由招标人在招标文件中暂时估定的工程、货物、服务的金额。

计日工是指在施工过程中,承包人完成发包人提出的工程合同范围以外的零星项目或工作,按合同中约定的综合单价计价的一种方式。

总承包服务费是指总承包人为配合协调发包人进行的专业工程分包,对发包人自行采购的材料、工程设备等进行保管以及施工现场管理、竣工资料汇总整理等服务所需的费用。

注:建设工程工程量清单计价模式中总承包服务费包含了总包向分包收取的配合费与管理费。

编制招标控制价(标底)时,总承包服务费应根据招标文件列出的服务内容和要求按下列规定计算:

①招标人仅要求对分包的专业工程进行总承包管理和协调时,按分包的专业工程估算造价的1.5%计算。

②招标人要求对分包的专业工程进行总承包管理和协调,并要求提供配合服务时,根据招标文件列出的配合服务内容和提出的要求,按分包的专业工程估算造价的3%~5%计算。

③招标人自行供应材料、工程设备的,按招标人供应材料、工程设备价值的1%计算。

编制投标报价时,总承包服务费应依据招标人在招标文件中列出的分包专业工程内容和供应材料设备情况,按照招标人提出的协调、配合与服务要求和施工现场管理需要由投标人自主确定。

编制竣工结算时,总承包服务费应依据合同约定的金额计算,发、承包双方依据合同约定对总承包服务费进行了调整的,应按调整后的金额计算。

分包工程不与总承包工程同时施工时,总承包单位不提供相应服务,不得收取总承包服务费。虽在同一现场同时施工,总承包单位未向分包单位提供服务的或由总承包单位分包给其他施工单位的,不应收取总承包服务费。

4)规费

规费是指根据国家法律、法规规定,由省级政府或省级有关权力部门规定施工企业必须缴纳的,应计入建筑安装工程造价的费用。

$$\text{社会保险费和住房公积金} = \sum \text{工程定额人工费} \times \text{社会保险费率和住房公积金费率}$$

5)税金

建筑安装工程费中的税金包括增值税、城市维护建设税、教育费附加和地方教育附加。

(1)增值税

税前工程造价为人工费、材料费、施工机具使用费、企业管理费、利润和规费之和。各费用项目均以不包含增值税(可抵扣进项税额)的价格计算。

$$\text{工程造价} = \text{税前工程造价} \times (1+\text{增值税税率})$$

$$\text{税金} = \text{税前工程造价} \times \text{税率(或征收率)}$$

增值税是以商品(含应税劳务)在流转过程中产生的增值额作为计税依据而征收的一种流转税。从计税原理上说,增值税是对商品生产、流通、劳务服务中多个环节的新增价值或商品的附加值征收的一种流转税。实行价外税,也就是由消费者负担,有增值才征税没增值不征税。但在实际中,商品新增价值或附加值在生产和流通过程中是很难准确计算的。

中国采用国际上普遍采用的税款抵扣的办法，即根据销售商品或劳务的销售额，按规定的税率计算出销售税额，然后扣除取得该商品或劳务时所支付的增值税款，也就是进项税额，其差额就是增值部分应交的税额，这种计算方法体现了按增值因素计税的原则。

(2)城市维护建设税

应纳税额=应纳增值税税额×适用税率

城市维护建设税的纳税人所在地为市区的，按增值税的7%征收；所在地为县镇的，按增值税的5%征收；所在地为农村的，按增值税的1%征收。

(3)教育费附加

教育费附加税额为增值税的3%。计算公式为

应纳税额=应纳增值税税额×3%

(4)地方教育附加

地方教育附加税额为增值税的2%。计算公式为：

应纳税额=应纳增值税税额×2%

如果纳税人所在地为市区的，综合计税系数为3.48%。

如果纳税人所在地为县镇的，综合计税系数为3.41%。

如果纳税人所在地为农村的，综合计税系数为3.28%。

1.2.3 设备及工、器具购置费

设备及工、器具购置费用由购置在建工程项目所要求的用于生产或服务生产、办公和生活的各种设备、工具、器具、生产家具等费用组成。

设备购置费=设备原价+设备运杂费

设备运杂费是指除设备原价之外的关于设备采购、运输、途中包装及仓库保管等方面支出费用的总和。

设备运杂费=设备原价×设备运杂费率

设备原价分为国产设备原价和进口设备原价。

国产设备原价是指设备制造厂的交货价，即出厂价或订货合同价，分为国产标准设备原价和国产非标准设备原价。

进口设备原价是指进口设备的抵岸价，即抵达买方边境或边境车站且交完关税等税费后形成的价格。

工、器具及生产家具购置费=设备购置费×定额费率

1)国产非标准设备原价的构成和计算

国产非标准设备原价有多种计算方法，如成本计算估价法、系列设备插入估价法、分部组合估价法、定额估价法等。成本计算估价法是一种比较常用的估算非标准设备原价的方法。

费用构成：按成本计算估价法计算时，包括材料费、加工费、辅助材料费、专用工具费、废品损失费、外购配套件费、包装费、利润、税金和非标准设备设计费。

费用计算：

材料费=材料净重×(1+加工损耗系数)×每吨材料综合价

辅助材料费=设备总质量×辅助材料费指标

加工费=设备总质量(t)×设备每吨加工费

专用工具费=(材料费+辅助材料费+加工费)×专用工具费率

废品损失费=(材料费+辅助材料费+加工费)×(1+专用工具费率)×废品损失费率

计算公式:

单台非标准设备原价={[(材料费+辅助材料费+加工费)×(1+专用工具费率)×(1+废品损失费率)+外购配套件费]×(1+包装费率)-外购配套件费}×(1+利润率)+销项税额+非标准设备设计费+外购配套件费

包装费=[(材料费+辅助材料费+加工费)×(1+专用工具费率)×(1+废品损失费率)+外购配套件费]×包装费率

利润={[(材料费+辅助材料费+加工费)×(1+专用工具费率)×(1+废品损失费率)+外购配套件费]×(1+包装费率)-外购配套件费}×利润率

外购配套件费计取包装费,但不计取利润。

税金主要指增值税,通常是指设备制造厂销售设备时向购入设备方收取的销项税额。

当期销售税额=销售额×适用增值税率

销售额={[(材料费+辅助材料费+加工费)×(1+专用工具费率)×(1+废品损失费率)+外购配套件费]×(1+包装费率)-外购配套件费}×(1+利润率)+外购配套件费

非标准设备设计费:非标准设备设计费独立计算,与其他9项费用无关。

【例1.1】某工厂采购一台国产非标准设备,制造厂生产该台设备所用材料费10万元,加工费2万元,辅助材料费5 000元,专用工具费率2%,废品损失费率10%,外购配套件费5万元,包装费率1%,利润率7%,增值税率17%,非标准设备设计费2万元,设备运杂费率5%,则该设备购置费为(　　)万元。

A.25.04　　B.25.65　　C.26.92　　D.27.36

答案:C

解析:单台非标准设备原价={[(材料费+加工费+辅助材料费)×(1+专业工具费率)×(1+废品损失费率)+外购配套件费]×(1+包装费率)-外购配套件费}×(1+利润率)+销项税额+非标准设备设计费+外购配套件费

直接套用公式解答:

单台非标准设备原价={[(10+2+0.5)×(1+2%)×(1+10%)+5]×(1+1%)-5}×(1+7%)+(销项税额)(10+2+0.5+0.25+1.275+0.19+5+0.991)×17%+(设计费)2(万)+(外购配套件费)(万)=25.641(万元)

设备购置费=25.641×(1+5%)=26.92(万元)

分步骤解答如下:

设备购置费=单台设备原价×(1+运杂费率)

专用工具费=(10+2+0.5)×2%=0.25(万元)

废品损失费=(10+2+0.5+0.25)×10%=1.275(万元)

包装费=(10+2+0.5+0.25+1.275+5)×1%=0.190(万元)

利润=(10+2+0.5+0.25+1.275+0.19)×7%=0.991(万元)(此处注意,外购配套件费不能重复计取利润)

销项税额=(10+2+0.5+0.25+1.275+0.19+5+0.991)×17%=3.435(万元)

设备的原价=12.5+0.25+1.275+0.190+0.991+3.435+5+2=25.641(万元)

设备购置费=25.641×(1+5%)=26.92(万元)

【例1.2】计算国产非标准设备原价,常用的计算方法有(　　)。

A.成本计算估价法　　B.系列设备插入估价法　　C.分部组合估价法

D.定额估价法　　E.系数估算法

答案:ABCD

解析:本题考查的是设备购置费的组成与计算。国产非标准设备原价有多种不同的计算方法,如成本计算估价法、系列设备插入估价法、分部组合估价法、定额估价法等。

2)进口设备的原价构成

进口设备的原价构成如图1.9所示。

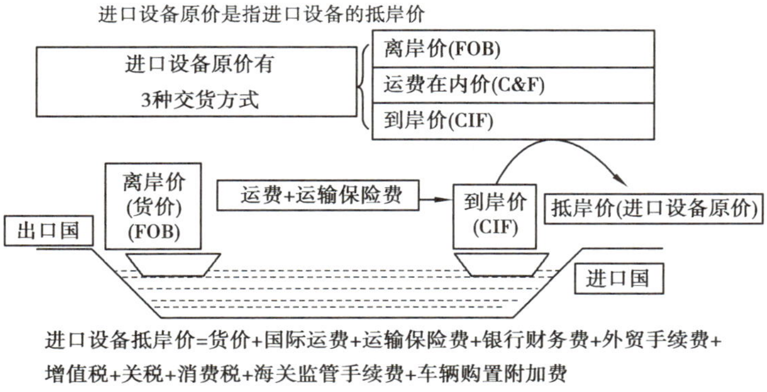

图1.9　进口设备的原价构成内容示意图

任务3　工程建设其他费

工程建设其他费是根据有关规定应在基本建设投资中支付的,并列入建设项目总概预算或单项工程综合概预算的,除建筑安装工程费用和设备及工、器具购置费以外的费用。它包括土地、青苗等补偿费,安置补助费,建设单位管理费,研究试验费,生产职工培训费,办公和生活家具购置费,联合试运转费,勘察设计费,供电贴费,施工机构迁移费,矿山巷道维修费,引进技术和进口设备项目的其他费用等。

任何一个建设项目都固定于一定地点与地面相连接,必须占用一定量的土地,也就必然要发生为获得建设用地而支付的费用,这就是土地使用费。它是指通过划拨方式取得土地使用权而支付的土地征用及迁移补偿费,或者通过土地使用权出让方式取得土地使用权而支付的土地使用权出让金。

1.3.1　土地征用及迁移补偿费

土地征用及迁移补偿费,是指建设项目通过划拨方式取得有限期的土地使用权,依照《中华人民共和国土地管理法》等规定所支付的费用。其总和一般不得超过被征土地年产值的

20 倍,土地年产值则按该地被征用前三年的平均产量和国家规定的价格计算。其内容包括:

①土地补偿费。征用耕地(包括菜地)的补偿标准,按政府规定,为该耕地年产值的若干倍,具体补偿标准由省、自治区、直辖市人民政府在此范围内制定。

②青苗补偿费和被征用土地上的房屋、水井、树木等附着物补偿费。

③安置补助费。

④缴纳的耕地占用税或城镇土地使用税、土地登记费及征地管理费等。

⑤征地动迁费。包括征用土地上的房屋及附属构筑物、城市公共设施等拆除、迁建补偿费,搬迁运输费,企业单位因搬迁造成的减产、停工损失补贴费,拆迁管理费等。

⑥水利水电工程水库淹没处理补偿费。包括农村移民安置迁建费,城市迁建补偿费,库区工矿企业、交通、电力、通信、广播、管网、水利等的恢复、迁建补偿费,库底清理费,防护工程费,环境影响补偿费用等。

1.3.2　土地使用权出让金

土地使用权出让金是指建设项目通过土地使用权出让方式,取得有限期的土地使用权,依照《中华人民共和国城镇国有土地使用权出让和转让暂行条例》规定支付的土地使用权出让金。

①明确国家是城市土地的唯一所有者,并分层次、有偿、有限期地出让、转让城市土地。

②城市土地的出让和转让可采用协议、招标、公开拍卖等方式。

a. 协议方式适用于市政工程、公益事业用地以及需要减免地价的机关、部队用地和需要重点扶持、优先发展的产业用地。

b. 招标方式适用于一般工程建设用地。

c. 公开拍卖适用于盈利高的行业用地。

③在有偿出让和转让土地时,政府对地价不作统一规定,但应坚持以下原则:

a. 地价对目前的投资环境不产生大的影响。

b. 地价与当地的社会经济承受能力相适应。

c. 地价要考虑已投入的土地开发费用、土地市场供求关系、土地用途和使用年限。

④关于政府有偿出让土地使用权的年限,各地可根据时间、区位等各种条件作不同的规定,一般可在 30 ~ 99 年。按照地面附属建筑物的折旧年限来看,以 50 年为宜。

⑤土地有偿出让和转让,土地使用者和所有者要签约,明确使用者对土地享有的权利和对土地所有者应承担的义务。

a. 有偿出让和转让土地使用权,要向土地受让者征收契税。

b. 转让土地如有增值,要向转让者征收土地增值税。

c. 在土地转让期间,国家要区别不同地段、不同用途向土地使用者收取土地占用费。

任务 4　预备费

预备费是指在初步设计和概算中难以预料的工程费用。

按照风险因素的性质划分，预备费包括基本预备费和价差预备费两种类型。

1）基本预备费

基本预备费是指在项目实施过程中可能发生难以预料的支出，需要预先预留的费用。主要指设计变更及施工过程中可能增加工程量的费用。

①在进行设计和施工过程中，在批准的初步设计范围内，必须增加的工程和按规定需要增加的费用（含相应增加的价差及税金）。本项费用不含Ⅰ类变更设计增加的费用。

②在建设过程中，工程遭受一般自然灾害所造成的损失和为预防自然灾害所采取的措施费用。

③在上级主管部门组织施工验收时，验收委员会（或小组）为鉴定工程质量，必须承担开挖和修复隐蔽工程的费用。

④设计变更所引起的废弃工程，但不包括因施工质量不符合设计要求而造成的返工费用和废弃工程。

⑤征地、拆迁的价差。

基本预备费＝（设备及工、器具购置费＋建筑安装工程费用＋工程建设其他费用）×基本预备费率

2）价差预备费

价差预备费是指不定性的建设项目在建设期间内因价格等变化引起工程造价变化的预测预留费用。费用内容包括：人工、设备、材料、机具的价差费，建筑安装工程费及工程建设其他费用调整，利率、汇率调整等增加的费用。

价差预备费是指设计文件编制年至工程竣工年期间，第一部分费用（工程费用）的人工费、材料费、机械使用费、其他工程费、间接费等，以及第二部分费用（工程建设其他费）、第三部分费用（预备费）中因政策、价格变化可能发生上浮而预留的费用及外资贷款汇率变动部分的费用。

价差预备费以概（预）算或修正概算第一部分建筑安装工程费总额为基数，按设计文件编制年始至建设项目工程竣工年终的年数和年工程造价增长率计算。

对建设工期较长的项目，在建设期内可能发生材料、设备、人工等价格上涨引起投资增加，需要预先预留费用。

$$PF = \sum_{t=1}^{n} I_t \underbrace{\left[(1+f)^m (1+f)^{0.5} (1+f)^{t-1} - 1\right]}_{\text{预算到第}t\text{年的涨价比例和波动幅度}}$$

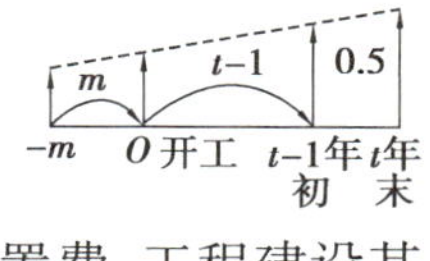

式中　PF——价差预备费；

t——建设期年份数；

I_t——第 t 年投资使用计划投资额（建安工程费用，设备及工、器具购置费，工程建设其他费用及基本预备费之和）；

f——年涨价率。

【例 1.3】某项目的静态投资为 22 310 万元，项目建设期为 3 年，项目投资分年使用比例为第一年 20%，第二年 55%，第三年 25%，建设期内年平均价格变动率为 6%，估计该项目建设期的价差预备费为多少万元。

解：

计划投资额：第一年 20% → 4 462；第二年 55% → 12 270.5；第三年 25% → 5 577.5

第一年 $PF_1=4\ 462\times[(1+6\%)^0(1+6\%)^{1-1}(1+6\%)^{0.5}-1]=4\ 462\times[(1+6\%)^{0.5}-1]$

$=4\ 462\times(1.029\ 5-1)=131.629$（万元）

第二年 $PF_2=12\ 270.5\times[(1+6\%)^0(1+6\%)^{2-1}(1+6\%)^{0.5}-1]$

$=12\ 270.5\times[(1+6\%)^{1.5}-1]=12\ 270.5\times(1.091-1)=1\ 116.616$（万元）

第三年 $PF_3=5\ 577.5\times[(1+6\%)^0(1+6\%)^{3-1}(1+6\%)^{0.5}-1]$

$=5\ 577.5\times[(1+6\%)^{2.5}-1]=5\ 577.5\times(1.157-1)=875.668$（万元）

价差预备费：$PF=PF_1+PF_2+PF_3=131.629+1\ 116.616+875.668=2\ 123.913$（万元）

任务 5　建设期贷款利息

1.5.1　建设期贷款利息的概念及计算

建设期贷款利息是指工程项目在建设期内发生并计入固定资产的利息，主要是建设期发生的支付银行贷款、出口信贷、债券等的贷款利息和融资费用。

其中，建设期贷款利息计算方式不同，有按借款要求和条件计算；国内银行借款按现行贷款计算，国外贷款利息按协议书或贷款意向书确定的利率按复利计算。

建设期贷款利息分为两种：

（1）一次性贷款

$$I=F-P=P[(1+i)^n-1]$$

式中　i——有效利率；

I——建设期贷款利息；

F——终值；

P——现值。

（2）等额年份贷款

为了简化计算，在编制投资估算时通常假定借款均在每年年中支用，借款当年按照半年计息，其余各年份按照全年计息。

$$Q_j=\left(P_{j-1}+\frac{1}{2}A_j\right)i$$

式中　Q_j——建设期第 j 年应计利息；

P_{j-1}——建设期第（j-1）年末贷款累计金额与利息累计金额之和；

A_j——建设期第 j 年贷款金额；

i——年利率。

1.5.2　具体计算方式

①当总贷款分年均衡发放时，建设期贷款利息可按当年贷款在年中支用考虑，即当年贷款按半年计息，上年贷款按全年计息。建设期贷款利息实行复利计算。

②建设期贷款根据贷款发放形式的不同，其利息计算公式有所不同。

贷款发放形式一般有两种：一是贷款总额一次性贷出且利率固定；另一种是贷款总额分年均衡（按比例）发放，利率固定。

1.5.3　贷款注意事项

①在申请贷款时，借款人根据贷款利率，对自己的经济实力、还款能力作出正确的判断。根据自己的收入水平设计还款计划，并适当留有余地，不要影响自己的正常生活。

②选择适合的还款方式。还款方式有等额还款方式和等额本金还款方式两种，还款方式一旦在合同中约定，在整个借款期间就不得更改。

③每月按时还款避免罚息。从贷款发起的次月起，一般是次月的放款时间为还款日，不要因为疏忽造成违约罚息，导致再次申请贷款时无法审批。

④妥善保管好合同和借据，同时认真阅读合同条款，了解自己的权利和义务。

【例 1.4】某新建项目，建设期为 3 年，在建设期第一年贷款 300 万元，第二年贷款 400 万元，贷款年利率为 10%，各年贷款均在年内均匀发放。用复利法计算建设期贷款利息。

解：

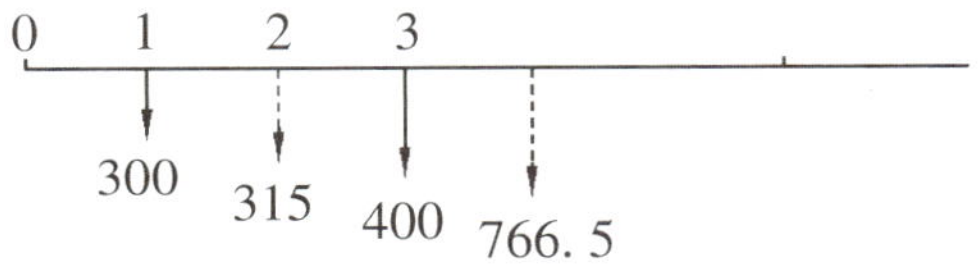

第一年利息：$Q_1 = \frac{1}{2} \times 300 \times 10\% = 15$（万元）

第一年末本利和：$P_1 = 300 + 15 = 315$（万元）

第二年利息：$Q_2 = \left(315 + \frac{1}{2} \times 400\right) \times 10\% = 51.5$（万元）

第二年末本利和：$P_2 = 315 + 400 + 51.5 = 766.5$（万元）

第三年利息：$Q_3 = 766.5 \times 10\% = 76.65$（万元）

$\sum$：143.15 万元

【例 1.5】某建设工程在建设期初的建筑安装工程费和工、器具购置费共计为 45 000 万元。按照项目实施进度计划，项目建设期为 3 年，投资分年使用比例为：第一年 25%，第二年 55%，第三年 20%，建设期内预计年平均价格上涨指数为 5%。建设期贷款利息为 1 395 万元，设工程其他费用为 3 860 万元，基本预备费率为 10%，试估算该建设项目的投资（图 1.1）。

解：①计算该项目的静态投资

工程费用 =（45 000+3 860）= 48 860（万元）

基本预备费 = 工程费用×10% = 4 886（万元）

静态投资 = 工程费用+工程建设其他费+基本预备费

= 48 860+3 860+4 886 = 57 606.00（万元）

②计算项目的价差预备费

第一年：$PF_1 = 53\ 746 \times 25\% \times [(1+0.05)^{0.5} - 1] = 13\ 436.5 \times (1.025 - 1) = 335.913$（万元）

第二年：$PF_2 = 53\ 746 \times 55\% \times [(1+0.05)^{1.5} - 1] = 29\ 560.3 \times (1.076 - 1) = 4\ 084.696$（万元）

第三年：$PF_3 = 53\ 746 \times 20\% \times [(1+0.05)^{2.5} - 1] = 10\ 749.2 \times (1.129\ 7 - 1) = 1\ 394.171$（万元）

预备费=基本预备费+价差预备费=4 886+335.913+4 084.696+1 394.171=10 700.78（万元）

③计算项目的工程造价（固定资产投资）

工程造价（固定资产投资）= 工程费用+工程建设其他费+预备费+建设期贷款利息

=工程费用+工程建设其他费+基本预备费+价差预备费+建设期贷款利息

=静态投资−基本预备费+建设期贷款利息+预备费

=57 606−4 886+1 395+10 700.78

=64 815.78（万元）

项目2　建筑工程计量与计价成果文件初识

任务1　工程量清单

工程量清单是指载明建设工程分部分项工程项目、措施项目、其他项目的名称和相应数量以及规费和税金项目等内容的明细清单。其中，由招标人根据国家标准、招标文件、设计文件，以及施工现场实际情况编制的工程量清单称为招标工程量清单，招标工程量清单应以单位（项）工程为单位编制。本任务主要介绍工程量清单的编制方法。

2.1.1　工程量清单的组成

工程量清单专业性强，内容复杂，对编制人的业务技术水平要求高，能否编制出完整、严谨的工程量清单，直接影响招标的质量，也是招标成败的关键。工程量清单要由具有编制能力的招标人或受招标人委托，具有相应资质的工程造价咨询机构编制。编制时必须依据清单计价规范要求的统一项目编码、统一项目名称、统一计量单位和统一工程量计算规则进行。工程量清单由分部分项工程量清单，措施项目清单，其他项目清单，规费、税金项目清单组成。

1）项目编码

项目编码是分部分项工程和措施项目清单名称的阿拉伯数字标志。分部分项工程量清单项目编码以五级编码设置，用12位阿拉伯数字表示。一、二、三、四级编码为全国统一，即1至9位应按计价规范附录的规定设置；第五级即10至12位为清单项目编码，应根据拟建工程的工程量清单项目名称设置，不得有重号，这3位清单项目编码由招标人针对招标工程项目具体编制，并应自001起顺序编制，见表2.1。

①第一级表示工程分类顺序码（分二位）。

②第二级表示专业工程（章）顺序码（分二位）。

③第三级表示分部工程（节）顺序码（分二位）。

④第四级表示分项工程项目顺序码（分三位）。

⑤第五级表示具体工程量清单项目顺序码(分三位)。

表 2.1　项目编码示意

项目编码	项目名称	项目特征	计量单位	工程量计算规则	工程内容
010101001	平整场地	1. 土壤类别 2. 弃土运距 3. 取土运距	m^2	按设计图示尺寸以建筑物首层面积计算	1. 土方挖填 2. 场地找平 3. 运输
010101002	挖土方	1. 土壤类别 2. 挖土平均厚度 3. 弃土运距	m^3	按设计图示尺寸以体积计算($v=sh$)	1. 排地表水 2. 土方开挖 3. 挡土板支拆 4. 截桩头 5. 基底钎探 6. 运输
010101003	挖基础土方	1. 土壤类别 2. 基础类型 3. 垫层底宽、底面积 4. 挖土深度 5. 弃土运距		按设计图示尺寸以基础垫层底面积乘以挖土深度计算($v=sh$)	
010103001	土(石)方回填	1. 土质要求 2. 密实度要求 3. 粒径要求 4. 夯填(碾压) 5. 松填 6. 运输距离	m^3	按设计图示尺寸以体积计算 注:1. 场地回填:回填面积乘以平均回填厚度 2. 室内回填:主墙间净面积乘以回填厚度 3. 基础回填:挖方体积减去设计室外地坪以下埋设的基础体积(包括基础垫层及其他构筑物)	1. 挖土方 2. 装卸、运输 3. 回填 4. 分层碾压、夯实

【例 2.1】010302001×××

01—第一级为工程分类顺序码。

【例 2.2】010302001001

01—建筑工程;

03—第 3 章砌筑工程;

02—第 2 节砖砌体;

001—实心砖墙;

001—实心砖墙下第一个清单项目。

2)项目名称

项目名称应按国家计量规范附录的项目名称结合拟建工程实际确定。在一个招标工程中,应尽量避免项目名称重复。例如,门窗工程中特殊门应区分冷藏门、冷冻间门、保温门、变电室门、隔音门、防射线门、人防门、金库门等。

项目特征是确定一个分部分项工程量清单项目综合单价的重要依据,必须按照国家计量规范附录中规定的项目特征编制工程量清单,并结合拟建工程项目的实际对其进行准确和全面的描述。

对采用标准图集或施工图纸能够全部或部分满足项目特征描述要求的,项目特征描述可直接采用详见××图集或××图号的方式。对不能满足项目特征描述要求的部分,仍应用文字描述进行补充。

3) 计量单位

分部分项工程量清单的计量单位要按国家计量规范附录中规定的计量单位确定。当计量单位有两个或两个以上时,应根据所编工程量清单项目的特征要求,选择最适宜表现该项目特征并方便计量和组成综合单价的单位。例如,门窗工程的计量单位为“樘”和“m^2”两个计量单位,实际工作中,应选择最适宜、最方便计量和组价的单位来表示。在同一个建设项目(或标段、合同段)中,有多个单位工程的相同项目其计量单位必须保持一致。

在分部分项工程量清单中,所列工程量的每一项目的汇总数值的有效位数应遵守下列规定:

①以“t”为计量单位的应保留小数点后三位,第四位小数四舍五入。

②以“kg”为计量单位的应保留小数点后两位,第三位小数四舍五入。

③以“个”“件”“根”“组”等为计量单位的应取整数。

4) 工程量计算

分部分项工程量清单中所列工程量应按国家计量规范附录中规定的工程量计算规则计算。

(1) 计量依据

一要依据《房屋建筑与装饰工程工程量计算规范》(GB 50854—2013)的各项规定;二要依据经审定通过的施工设计图纸及其说明;三要依据经审定通过的施工组织设计或施工方案;四要依据经审定通过的其他有关技术经济文件。

(2) 计算规则

工程量计算规则是指对清单项目工程量的计算规定。根据清单计价与计量规范的规定,除另有说明外,所有清单项目的工程量应以实体工程量为准,并以完成后的净值计算。投标人在投标报价时,应在单价中考虑施工中的各种损耗和需要增加的工程量。

随着工程建设中新材料、新技术、新工艺等的不断涌现,当出现计量规范附录中未包括的清单项目时,编制人在编制工程量清单时应作补充。补充项目时应注意以下 3 个方面:

①补充项目的编码应按计量规范的规定确定。补充项目的编码由计量规范的代码与 B 和 3 位阿拉伯数字组成,并应从 001 起顺序编制,如房屋建筑与装饰工程需补充项目,则其编码应从 01B001 起顺序编制,且同一招标工程的项目不得重码。

②在工程量清单中应附补充项目的项目名称、项目特征、计量单位、工程量计算规则和工作内容。

③编制的补充项目应报送至省级或行业工程造价管理机构备案。

2.1.2 分部分项工程量清单的编制

分部分项工程是分部工程和分项工程的总称。分部工程是单位工程的组成部分,是按结构部位、路段长度及施工特点或施工任务将单位工程划分为若干分部的工程。例如，砌筑工程分为砖砌体、砌块砌体、石砌体、垫层分部工程。分项工程是分部工程的组成部分，是按不同施工方法、材料、工序及路段长度等分部工程划分为若干个分项或项目的工程。例如，砖砌体分为砖基础、砖砌挖孔桩护壁、实心砖墙、多孔砖墙、空心砖墙、空斗墙、空花墙、填充墙、实心砖柱、多孔砖柱、砖检查井、零星砌砖、砖散水地坪、砖地沟、明沟等分项工程。

分部分项工程项目清单必须载明项目编码、项目名称、项目特征、计量单位和工程量。分部分项工程项目清单必须根据各专业工程计量规范规定的项目编码、项目名称、项目特征、计量单位和工程量计算规则进行编制，其格式见表2.2，在分部分项工程量清单的编制过程中，由招标人负责前六项内容填列，金额部分在编制招标控制价或投标报价时填列。

表2.2　分部分项工程和单价措施项目清单与计价表

工程名称：　　　　　　　　　　　　标段：　　　　　　　　　　　　第　页共　页

序号	项目编码	项目名称	项目特征	计量单位	工程量	金额/元		
						综合单价	合价	其中：暂估价
		合计						

2.1.3　措施项目清单的编制

措施项目清单的编制需考虑多种因素，除工程本身的因素外，还涉及水文、气象、环境、安全等因素。措施项目清单应根据拟建工程的实际情况列项。若出现清单计价规范中未列的项目，可根据工程实际情况补充。

1）措施项目清单的编制依据

①施工现场情况、地勘水文资料、工程特点等。

②常规施工方案。

③与建设工程有关的标准、规范、技术资料。

④拟定的招标文件。

⑤建设工程设计文件及相关资料。

2）措施项目清单的编制方式

《房屋建筑与装饰工程工程量计算规范》（GB 50854—2013）规定：措施项目包括脚手架工程、钢筋混凝土模板及支架（撑）、垂直运输、超高施工增加、大型机械设备进出场及安拆，施工排水、降水，安全文明施工及其他措施项目。

措施项目中可以计算工程量的项目清单宜采用分部分项工程量清单的方式编制，列出项目编码、项目名称、项目特征、计量单位和工程量（表2.2）；不能计算工程量的项目清单，应以“项”为计量单位进行编制（表2.3）。

表 2.3　总价措施项目清单与计价表

工程名称：　　　　　　　　　　　　标段：　　　　　　　　　　　　第　页共　页

序号	项目编码	项目名称	计算基础	费率/%	金额/元	调整费率/%	调整后金额/元	备注
		安全文明施工费						
		夜间施工增加费						
		二次搬运费						
		冬雨季施工增加费						
		已完工程及设备保护费						
		⋮						
合计								

编制人（造价人员）：　　　　　　　　　　　　复核人（造价工程师）：

注：1. “计算基础”中安全文明施工费可为“定额基价”“定额人工费”或“定额人工费+定额机械费”，其他项目可为“定额人工费”或“定额人工费+定额机械费”。

2. 按施工方案计算的措施费，若无“计算基础”和“费率”的数值，可只填“金额”数值，但应在备注栏中说明施工方案的出处或计算方法

2.1.4　其他项目清单的编制

其他项目清单是指除分部分项工程量清单、措施项目清单所包含的内容以外，因招标人的特殊要求而发生的与拟建工程有关的其他费用项目和相应数量的清单。工程建设标准的高低、工程的复杂程度、工程的工期长短、工程的组成内容、发包人对工程管理要求等都直接影响其他项目清单的具体内容。《房屋建筑与装饰工程工程量计算规范》（GB 50854—2013）提供了暂列金额、暂估价（包括材料暂估价、专业工程暂估价）、计日工和总承包服务费 4 项内容（表 2.4）作为列项参考，除此以外的其他内容，编制人可以根据具体情况进行补充。

表 2.4　其他项目清单与计价汇总表

工程名称：　　　　　　　　　　　　标段：　　　　　　　　　　　　第　页共　页

序号	项目名称	金额/元	结算金额/元	备注
1	暂列金额			
2	暂估价			
2.1	材料（工程设备）暂估价/结算价			
2.2	专业工程暂估价/结算价			
3	计日工			
4	总承包服务费			
5	索赔与现场签证			
	⋮			
合计				

注：材料（工程设备）暂估单价计入清单项目综合单价中，此处不汇总。

1) 暂列金额

暂列金额虽然包括在合同价之内,但并不直接属承包人所有,而是由发包人暂定并掌握使用的一笔款项,只有当以上因素出现时才会动用并且只有按照合同约定程序实际发生后,才能成为承包人的应得金额,纳入合同结算价款。扣除实际发生金额后的暂列金额余额仍属于招标人所有。

2) 暂估价

暂估价是指招标阶段直至签订合同协议时,招标人在招标文件中提供的用于支付必然要发生但暂时不能确定价格的材料以及需另行发包的专业工程金额。通常情况下,为方便合同管理和计价,暂估价宜采用综合暂估价,一般包括规费、税金以外的管理费和利润等。

3) 计日工

计日工是指在施工过程中,完成发包人提出的施工图以外的零星项目或工作,按合同中约定的计日工综合单价计价。计日工按已完成零星项目工作所消耗的人工工时、材料数量、机械台班进行计量,并按照计日工表中填报的使用项目的单价进行计价支付。

计日工单价水平通常是高于工程量清单的单价水平,一方面,计日工往往是用于一些突发性的额外工作,缺少计划性,承包人在调动施工生产资源方面难免会影响已经计划好的工作,生产资源的使用效率有一定的降低,客观上造成超出常规的额外投入;另一方面,计日工清单往往忽略给出一个暂定的工程量,无法纳入有效的竞争,是致使计日工单价水平偏高的原因之一。为了获得合理的计日工单价,清单编制人在计日工表中一定要给出暂定数量,并且需要根据经验,尽可能估算一个比较贴近实际的数量。

4) 总承包服务费

总承包服务费是指工程建设的施工阶段实行施工总承包时,为解决招标人在法律、法规允许的条件下进行专业工程发包以及自行采购供应材料、设备时,要求总承包人对发包的专业工程提供协调和配合服务(如分包人使用总包人的脚手架等);对供应的材料、设备提供收、发和管理服务以及对施工现场进行统一管理;对竣工资料进行统一汇总整理等发生并向总承包人支付的费用。招标人应当预计该项费用并按投标人的投标报价向投标人支付该项目的费用。

2.1.5 规费、税金项目清单的编制

规费项目清单包含社会保险费(包括养老保险费、失业保险费、医疗保险费、工伤保险费、生育保险费)、住房公积金、工程排污费。出现计价规范中未列的项目,应根据省级政府或省级有关部门的规定列项。

税金项目清单包含增值税、城市维护建设税、教育费附加及地方教育附加。出现计价规范未列的项目,应根据税务部门的规定列项。规费、税金项目清单与计价表见表2.5。

表 2.5　规费、税金项目清单与计价表

工程名称：　　　　　　　　　　　　　标段：　　　　　　　　　　　　　第　页 共　页

序号	项目名称	计算基础	计算基数	计算费率/%	金额/元
1	规费	定额人工费			
1.1	社会保险费	定额人工费			
(1)	养老保险费	定额人工费			
(2)	失业保险费	定额人工费			
(3)	医疗保险费	定额人工费			
(4)	工伤保险费	定额人工费			
(5)	生育保险费	定额人工费			
1.2	住房公积金	定额人工费			
1.3	工程排污费	按工程所在地环境保护部门收取标准，按实计入			
2	税金	分部分项工程费+措施项目费+其他项目费+规费-按规定不计税的工程设备金额			
合计					

编制人（造价人员）：　　　　　　　　　　　复核人（造价工程师）：

任务 2　招标控制价

为使建设工程发包与承包计价活动规范有序地进行，无论是招标发包还是直接发包，都必须注重前期工作。尤其是招标发包，应从施工招标开始，在拟定招标文件的同时，还要科学合理地编制工程量清单、招标控制价以及评标标准和办法，只有这样，才能对投标报价、合同价的约定以至后期的工程结算这一工程发承包计价全过程起到良好的控制作用。本任务主要介绍招标控制价的编制方法。

2.2.1　招标工程量清单的编制

招标工程量清单是招标人依据国家标准、招标文件、设计文件以及施工现场实际情况编制的，随招标文件发布供投标报价的工程量清单，包括对其的说明和表格。编制招标工程量清单，应充分体现“量价分离”的“风险分担”原则。招标阶段由招标人或其委托的工程造价咨询人根据工程项目设计文件，编制出招标工程项目的工程量清单，并将其作为招标文件的组成部分。招标工程量清单的准确性和完整性由招标人负责。投标人应结合企业自身实际、参考市场有关价格信息完成清单项目工程的组合报价，并对其承担风险。

1)招标工程量清单编制的依据及准备工作

(1)招标工程量清单编制的依据

①《房屋建筑与装饰工程工程量计算规范》(GB 50854—2013)以及各专业工程量计算规范等。

②国家或省级、行业建设主管部门颁发的计价定额和办法。

③建设工程设计文件及相关资料。

④与建设工程有关的标准、规范及技术资料。

⑤拟定的招标文件。

⑥施工现场情况、地勘水文资料、工程特点及常规施工方案。

⑦其他相关资料。

(2)招标工程量清单编制的准备工作

招标工程量清单编制的相关工作在收集资料包括编制依据的基础上,需进行以下工作:

①初步研究。对各种资料进行认真研究,为招标工程量清单的编制作准备。主要包括:

a. 熟悉《房屋建筑与装饰工程工程量计算规范》(GB 50854—2013)和各专业工程计量规范、项目所在地计价规定及相关文件;熟悉设计文件,掌握工程全貌,以便清单项目列项的完整、工程量的准确计算及清单项目的准确描述,应及时提出设计文件中出现的问题。

b. 熟悉招标文件、招标图纸,确定工程量清单编审的范围及需要设定的暂估价;收集相关市场价格信息,为暂估价的确定提供依据。

c. 对《房屋建筑与装饰工程工程量计算规范》(GB 50854—2013)缺项的新材料、新技术、新工艺,收集足够的基础资料,为补充项目的制订提供依据。

②现场踏勘。为了选用合理的施工组织设计和施工技术方案,需进行现场踏勘,以充分了解施工现场情况及工程特点,主要对以下两个方面进行调查:

a. 自然地理条件:工程所在地的地理位置、地形、地貌、用地范围等;气象、水文情况,包括气温、湿度、降雨等;地质情况,包括地质构造及特征、承载能力等;地震、洪水及其他自然灾害情况。

b. 施工条件:工程现场周围的道路、进出场条件、交通限制情况;工程现场施工临时设施、大型施工机具、材料堆放场地安排情况;工程现场邻近建筑物与招标工程的间距、结构形式、基础埋深、新旧程度、高度;市政给水排水管线位置、管径、压力,废水、污水处理方式,市政、消防供水管道管径、压力、位置等;现场供电方式、方位、距离、电压等;工程现场通信线路的连接和铺设;当地政府有关部门对施工现场管理的一般要求、特殊要求及规定等。

③拟定常规施工组织设计。施工组织设计是指导拟建工程项目的施工准备和施工的技术经济文件。根据项目的具体情况编制施工组织设计,拟定工程的施工方案、施工顺序、施工方法等,进行招标工程量清单的编制及准确计算,特别是工程量清单中的措施项目。

施工组织设计编制的主要依据:招标文件中的相关要求,设计文件中的图纸及相关说明,现场踏勘资料,有关定额,现行有关技术标准、施工规范或规则等。作为招标人,仅需拟定常规施工组织设计即可。在拟定常规施工组织设计时需注意以下问题:

a. 估算整体工程量。根据概算指标或类似工程进行估算,且仅对主要项目加以估算即可,如土石方、混凝土等。

b. 拟定施工总方案。拟定施工总方案只需对重大问题和关键工艺作原则性的规定，不需考虑施工步骤，主要包括施工方法、施工机械设备的选择、科学的施工组织、合理的施工进度、现场的平面布置及各种技术措施。制定总方案需要满足以下原则：从实际出发，符合现场的实际情况，在切实可行的范围内尽量求其先进和快速；满足工期的要求；确保工程质量和施工安全；尽量降低施工成本，使方案更加经济合理。

c. 确定施工顺序。合理确定施工顺序需要考虑各分部分项工程之间的关系、施工方法和施工机械的要求、当地的气候条件和水文要求、施工顺序对工期的影响。

d. 编制施工进度计划。施工进度计划要满足合同对工期的要求，在不增加资源的前提下尽量提前。编制施工进度计划时要处理好工程中各分部、分项、单位工程之间的关系，避免出现施工顺序颠倒或工种相互冲突。

e. 计算人、材、机资源需要量。人工工日数量应根据估算的工程量、选用的定额、拟定的施工总方案、施工方法及要求的工期来确定，并考虑节假日、气候等影响。材料需要量主要根据估算的工程量和选用的材料消耗定额进行计算。机械台班数量则根据施工方案确定选择机械设备方案及机械种类的匹配要求，再根据估算的工程量和机械时间定额进行计算。

f. 施工平面的布控。施工平面的布控是根据施工方案、施工进度要求，对施工现场的道路交通、材料仓库、临时设施等作出合理的规划布置，其主要包括建设项目施工总平面图上的一切地上、地下已有和拟建的建筑物、构筑物以及其他设施的位置和尺寸；所有为施工服务的临时设施的布置位置，如施工用地范围，施工用道路，材料仓库，取土与弃土位置，水源、电源位置，安全、消防设施位置，永久性测量放线标桩位置等。

2) 招标工程量清单的编制内容

(1) 分部分项工程量清单的编制

分部分项工程量清单反映的是拟建工程分项实体工程项目名称和相应数量的明细清单，招标人负责包括项目编码、项目名称、项目特征描述、计量单位和工程量计算在内的内容。

(2) 工程量清单总说明的编制

工程量清单总说明包括以下内容：

①工程概况。工程概况中要对建设规模、工程特征、计划工期、施工现场实际情况、自然地理条件、环境保护要求等作出描述。其中，建设规模是指建筑面积；工程特征应说明基础及结构类型、建筑层数、高度、门窗类型及各部位装饰、装修做法；计划工期是指按工期定额计算的施工天数；施工现场实际情况是指施工场地的地表状况；自然地理条件是指建筑场地所处地理位置的气候及交通运输条件；环境保护要求是针对施工噪声及材料运输可能对周围环境造成的影响和污染所提出的防护要求。

②工程招标及分包范围。招标范围是指单位工程的招标范围，如建筑工程招标范围为“全部建筑工程”，装饰装修工程招标范围为“全部装饰装修工程”。工程分包是指特殊工程项目的分包，如招标人自行采购安装“铝合金门窗”等。

③工程量清单编制依据。工程量清单编制依据包括建设工程工程量清单计价规范、设计文件、招标文件、施工现场情况、工程特点及常规施工方案等。

④工程质量、材料、施工等的特殊要求。工程质量要求是指招标人要求拟建工程的质量应达到合格或优良标准；对材料的要求是指招标人根据工程的重要性、使用功能及装饰装修

标准提出的，如对水泥的品牌、钢材的生产厂家、花岗石的产出地及品牌等的要求；施工要求一般是指建设项目中对单项工程的施工顺序等的要求。

⑤其他需要说明的事项。

3）招标工程量清单汇总

在分部分项工程量清单、措施项目清单、其他项目清单、规费和税金项目清单编制完成以后，经审查复核，与工程量清单封面及总说明汇总并装订，由相关责任人签字和盖章，形成完整的招标工程量清单文件。

2.2.2　招标控制价的编制

《中华人民共和国招标投标法实施条例》规定，招标人可以自行决定是否编制标底，一个招标项目只能有一个标底，标底必须保密。同时规定，招标人设有最高投标限价的，应当在招标文件中明确最高投标限价或者最高投标限价的计算方法，招标人不得规定最低投标限价。

1）招标控制价的编制规定与依据

招标控制价是指根据国家或省级建设行政主管部门颁发的有关计价依据和办法，依据拟定的招标文件和招标工程量清单，结合工程具体情况发布的招标工程的最高投标限价。根据住房和城乡建设部颁布的《建筑工程施工发包与承包计价管理办法》（住建部令第 16 号）的规定，国有资金投资的建筑工程招标的，应当设有最高投标限价；非国有资金投资的建筑工程招标的，可以设有最高投标限价或者招标标底。

（1）招标控制价的优点及存在的问题

招标控制价是推行工程量清单计价过程中对传统标底概念的性质进行界定后所设置的专业术语，它使招标时评标定价的管理方式发生了很大变化。

①采用招标控制价招标的优点：

a. 可有效控制投资，防止恶性哄抬报价带来的投资风险。

b. 提高了透明度，避免了暗箱操作、寻租等违法活动的产生。

c. 可使各投标人自主报价、公平竞争、符合市场规律。投标人自主报价，不受标底的左右。

d. 既设置了控制上限又尽量减少了业主依赖评标基准价的影响。

②采用招标控制价招标可能出现的问题：

a. 若“最高限价”远高于市场平均价，就预示中标后利润很丰厚，只要投标不超过公布的限额都是有效投标，从而可能诱导投标人串标围标。

b. 若公布的最高限价远低于市场平均价，便会影响招标效率。即可能出现只有 1～2 人投标或无人投标的情况，因为按此限额投标将无利可图，超出此限额投标又成为无效投标，结果使招标人不得不修改招标控制价进行二次招标。

（2）编制招标控制价的规定

①国有资金投资的工程建设项目应实行工程量清单招标，招标人应编制招标控制价，并应当拒绝高于招标控制价的投标报价，即投标人的投标报价若超过公布的招标控制价，则其投标作为废标处理。

②招标控制价应由具有编制能力的招标人或受其委托、具有相应资质的工程造价咨询人编制。工程造价咨询人不得同时接受招标人和投标人对同一工程的招标控制价和投标报价的编制。

③招标控制价应在招标文件中公布,对所编制的招标控制价不得进行上浮或下调。在公布招标控制价时,除公布招标控制价的总价外,还应公布各单位工程的分部分项工程费、措施项目费、其他项目费、规费和税金。

④招标控制价超过批准的概算时,招标人应将其报原概算审批部门审核。这是由于我国对国有资金投资项目的投资控制实行的是设计概算审批制度,国有资金投资的工程原则上不能超过批准的设计概算。

⑤投标人经复核认为招标人公布的招标控制价未按照规范规定进行编制的,应在招标控制价公布后5天内向招标投标监督机构和工程造价管理机构投诉。工程造价管理机构受理投诉后,应立即对招标控制价进行复查,组织投诉人、被投诉人或其委托的招标控制价编制人等单位人员对投诉问题逐一核对。当招标控制价复查结论与原公布的招标控制价误差大于±3%时,应责成招标人改正。当重新公布招标控制价时,若重新公布之日起至原投标截止日期不足15天的应延长投标截止日期。

(3)招标控制价的编制依据

招标控制价的编制依据是指在编制招标控制价时需要进行工程量计量,价格确认,工程计价的有关参数、率值的确定等工作时所需的基础性资料,主要包括以下几点:

①现行国家清单计价规范与专业工程计量规范。

②国家或省级、行业建设主管部门颁发的计价定额和计价办法。

③建设工程设计文件及相关资料。

④拟定的招标文件及招标工程量清单。

⑤与建设项目相关的标准、规范、技术资料。

⑥施工现场情况、工程特点及常规施工方案。

⑦工程造价管理机构发布的工程造价信息;工程造价信息没有发布的,参照市场价。

⑧其他的相关资料。

2)招标控制价的编制内容

招标控制价的编制内容包括分部分项工程费、措施项目费、其他项目费、规费和税金,各个部分有不同的计价要求。

(1)分部分项工程费的编制要求

①分部分项工程费应根据招标文件中的分部分项工程量清单及有关要求,按国家规范的有关规定确定综合单价计价。

②工程量依据招标文件中提供的分部分项工程量清单确定。

③招标文件提供了暂估单价的材料,应按暂估的单价计入综合单价。

④为使招标控制价与投标报价所包含的内容一致,综合单价中应包括招标文件中要求投标人承担的风险内容及其范围(幅度)产生的风险费用。

(2)措施项目费的编制要求

①措施项目费中的安全文明施工费应当按照国家或省级、行业建设主管部门的规定标准

计价，该部分不得作为竞争性费用。

②措施项目应按招标文件中提供的措施项目清单确定，措施项目分为以“量”计算和以“项”计算两种。对可精确计量的措施项目以“量”计算，即按其工程量，用与分部分项工程量清单单价相同的方式确定综合单价；对不可精确计量的措施项目，则以“项”为单位，采用费率法按有关规定综合取定，采用费率法时需确定某项费用的计费基数及其费率，结果应是包括除规费、税金以外的全部费用。计算公式为：

$$\text{以“项”计算的措施项目清单费} = \text{措施项目计费基数} \times \text{费率}$$

(3)其他项目费的编制要求

①暂列金额。暂列金额可根据工程的复杂程度、设计深度、工程环境条件（包括地质、水文、气候条件等）进行估算，一般以分部分项工程费的10%～15%为参考。

②暂估价。暂估价中的材料单价应按照工程造价管理机构发布的工程造价信息中的材料单价计算，工程造价信息未发布的材料单价，其单价参考市场价格估算；暂估价中的专业工程暂估价应分不同专业，按有关计价规定估算。

③计日工。在编制招标控制价时，对计日工中的人工单价和施工机械台班单价应按省级、行业建设主管部门或其授权的工程造价管理机构公布的单价计算；材料应按工程造价管理机构发布的工程造价信息中的材料单价计算，工程造价信息未发布单价的材料，其价格应按市场调查确定的单价计算。

④总承包服务费。总承包服务费应按照省级或行业建设主管部门的规定计算，在计算时可参考以下标准：

a. 招标人仅要求对分包的专业工程进行总承包管理和协调时，按分包的专业工程估算造价的1.5%计算。

b. 招标人要求对分包的专业工程进行总承包管理和协调，并同时要求提供配合服务，根据招标文件中列出的配合服务内容和提出的要求，按分包的专业工程估算造价的3%～5%计算。

c. 招标人自行供应材料的，按招标人供应材料价值的1%计算。

(4)规费和税金的编制要求

规费和税金必须按照国家或省级、行业建设主管部门的规定计算。税金计算公式为：

$$\text{税金} = \left(\text{分部分项工程量清单费} + \text{措施项目清单费} + \text{其他项目清单费} + \text{规费}\right) \times \text{综合税率}$$

3)招标控制价的计价与组价

(1)招标控制价计价程序

建设工程的招标控制价反映的是单位工程费用，各单位工程费用由分部分项工程费、措施项目费、其他项目费、规费和税金组成。

(2)综合单价的组价

综合单价是指完成一个规定清单项目所需的人工费、材料和工程设备费、施工机具使用费和企业管理费、利润以及一定范围内的风险费用。招标控制价的分部分项工程费应由各单位工程的招标工程量清单乘以其相应综合单价汇总而成。综合单价的组价，首先，依据提供的工程量清单和施工图纸，按照工程所在地区颁发的计价定额的规定，确定所组价的定额项目名称，并计算出相应的工程量；其次，依据工程造价政策规定或工程造价信息确定其人工、材料、机械台班单价；最后，在考虑风险因素确定管理费率和利润率的基础上，按规定程序计算出所组价定额项目的合价，然后将若干项所组价的定额项目合价相加除以工程量清单项目工程量，便得到工程量清单项目综合单价，对未计价的材料费（包括暂估单价的材料费）应计入综合单价中。

定额项目合价＝定额项目工程量×[（定额人工消耗量×人工单价）＋（定额材料消耗量×材料单价）＋（定额机械台班消耗量×机械台班单价）＋价差（基价或人工、材料机械费用）＋管理费和利润]

工程量清单综合单价＝定额项目合价＋未计价材料费用合价

招标工程发布的分部分项工程量清单对应的综合单价，应按照招标人发布的分部分项工程量清单的项目名称、工程量、项目特征描述，依据工程所在地区颁发的计价定额和人工、材料、机械台班价格信息等进行组价确定，并应编制工程量清单综合单价分析表。

4）编制招标控制价应注意的问题

①采用的材料价格应是工程造价管理机构通过工程造价信息发布的材料价格，造价信息未发布材料单价的材料，其材料价格应通过市场调查确定。另外，未采用工程造价管理机构发布的工程造价信息时，需在招标文件或答疑补充文件中对招标控制价采用的与造价信息不一致的市场价格予以说明，采用的市场价格则应通过调查、分析确定，并有可靠的信息来源。

②施工机械设备的选型直接关系综合单价水平，应根据工程项目特点和施工条件，本着经济实用、先进高效的原则确定。

③应正确、全面地使用行业和地方的计价定额与相关文件。

④不可竞争的措施项目和规费、税金等费用的计算均属于强制性条款，编制招标控制价时应按国家有关规定计算。

⑤由于不同工程项目、不同施工工艺会有不同的施工组织方法，所发生的措施费也会有所不同，因此，对竞争性的措施费用的确定，招标人应首先编制常规的施工组织设计或施工方案，然后经专家论证确认后再合理确定措施项目与费用。

任务3　投标报价

投标企业在投标报价时必须考虑工程本身的技术特点和招标文件的有关规定及要求，考虑企业自身施工能力、管理水平和市场竞争能力，以及其他方面的许多因素，如工程结构、施工环境、地质构造、工程进度、建设规模、资源安排计划等因素。在综合分析这些因素影响程度的基础上，对投标报价作出灵活机动的调整，使报价能够比较准确地与工程实际及市场条件相吻合。只有这样才能把投标定价的自主权真正交给投标单位，投标单位才会对自己的报价承担相应的风险与责任，从而建立起真正的风险制约和竞争机制，并最终通过市场来配置资源决定工程造价。本任务主要介绍投标报价的编制方法。

2.3.1 投标报价的概念

投标报价是指在工程招投标活动中，投标人按照招标文件的要求，根据工程特点，并结合自身的施工技术、机械设备和管理水平，依据有关计价规定自主确定的工程造价。投标报价是投标人对投标工程的期望价格，不能高于招标人给定的招标控制价。

2.3.2 投标报价的编制依据

①《建设工程工程量清单计价规范》(GB 50500—2013)、《房屋建筑与装饰工程工程量计算规范》(GB 50854—2013)。

②国家或省级、行业建设主管部门颁发的计价办法。

③企业定额，国家或省级、行业建设主管部门颁发的计价定额和计价方法。

④招标文件、招标工程量清单及其补充通知、答疑纪要。

⑤建设工程设计文件及相关资料。

⑥施工现场情况、工程特点及投标时拟定的施工组织设计或施工方案。

⑦与建设项目相关的标准、规范等技术资料。

⑧市场价格信息或工程造价管理机构发布的工程造价信息。

⑨其他相关资料。

2.3.3 投标报价的编制

投标报价的编制应首先根据招标人提供的工程量清单编制分部分项工程量清单计价表，措施项目清单计价表，其他项目清单计价表，规费、税金项目清单计价表，计算完毕之后，汇总得到单位工程投标报价汇总表，再层层汇总，分别得出单项工程投标报价汇总表和工程项目投标报价汇总表。在编制过程中，投标人必须按招标人提供的招标工程量清单填报价格，填写的项目编码、项目名称、项目特征、计量单位、工程量必须与招标工程量清单一致。投标报价的计算程序如下：

①分部分项工程费 = $\sum$ 分部分项工程量 × 分部分项工程单价(综合单价)。

②措施项目费 = $\sum$ 措施项目费(措施项目综合单价)。

措施项目包括通用项目、建筑工程措施项目、安装工程项目、市政工程措施项目。

③其他项目费 = 招标人部分金额+投标人部分金额。

④规费 = (分部分项工程费+措施项目费+其他项目费)×规费率。

⑤税金 = (分部分项工程费+措施项目费+其他项目费+规费)×税率。

⑥单位工程造价 = 分部分项工程费+措施项目费+其他项目费+规费+税金。

⑦单项工程造价 = $\sum$ 单位工程造价。

⑧建设项目总造价 = $\sum$ 单项工程造价。

分部分项工程量清单计价表(示例)见表2.6。

表 2.6　分部分项工程量清单计价表（示例）

工程名称：　　　　　　　　　　　　　　　标段：　　　　　　　　　　　　　　　第　页 共　页

序号	编码	项目名称	项目特征	单位	工程量	计算过程
1	010101001001	平整场地		m^2		
2	010302002001	沉管灌注桩		m		
3	010101004001	挖基坑土方 1. 土壤类别：一类土 2. 弃土运距：1 000	1. 土壤类别：一类土 2. 弃土运距：1 000	m^3		
4	010401004001	多孔砖墙 1. 砖品种、规格、强度等级：烧结多孔砖，MU10 2. 墙体类型：外墙 3. 砂浆强度等级、配合比：M5.0	1. 砖品种、规格、强度等级：烧结多孔砖，MU10 2. 墙体类型：外墙 3. 砂浆强度等级、配合比：M5.0	m^3		
5	010401004002	多孔砖墙 1. 砖品种、规格、强度等级：烧结多孔砖，MU10 2. 墙体类型：内墙 3. 砂浆强度等级、配合比：M5.0	1. 砖品种、规格、强度等级：烧结多孔砖，MU10 2. 墙体类型：内墙 3. 砂浆强度等级、配合比：M5.0	m^3		
6	010404001001	垫层 垫层材料种类、配合比、厚度：100	垫层材料种类、配合比、厚度：100	m^3		
7	010501003001	独立基础 混凝土强度等级：C25	混凝土强度等级：C25	m^3		
8	010502001001	矩形柱 1. 混凝土种类：商品混凝土 2. 混凝土强度等级：C30	1. 混凝土种类：商品混凝土 2. 混凝土强度等级：C30	m^3		
9	010502001002	矩形柱 1. 混凝土种类：商品混凝土 2. 混凝土强度等级：C25	1. 混凝土种类：商品混凝土 2. 混凝土强度等级：C25	m^3		
10	010505001001	有梁板 1. 混凝土种类：商品混凝土 2. 混凝土强度等级：C30 3. 有梁板：梁	1. 混凝土种类：商品混凝土 2. 混凝土强度等级：C30 3. 有梁板：梁	m^3		

续表

序号	编码	项目名称	项目特征	单位	工程量	计算过程
11	010505001002	有梁板 1. 混凝土种类：商品混凝土 2. 混凝土强度等级：C30 3. 有梁板：板	1. 混凝土种类：商品混凝土 2. 混凝土强度等级：C30 3. 有梁板：板	m^3		
12	010505001003	有梁板 1. 混凝土种类：商品混凝土 2. 混凝土强度等级：C25 3. 有梁板：梁	1. 混凝土种类：商品混凝土 2. 混凝土强度等级：C25 3. 有梁板：梁	m^3		
13	010505001004	有梁板 1. 混凝土种类：商品混凝土 2. 混凝土强度等级：C25 3. 有梁板：板	1. 混凝土种类：商品混凝土 2. 混凝土强度等级：C25 3. 有梁板：板	m^3		
14	010506001001	直形楼梯 1. 混凝土种类：商品混凝土 2. 混凝土强度等级：C25	1. 混凝土种类：商品混凝土 2. 混凝土强度等级：C25	m^2		
15	010802001001	金属（塑钢）门 1. 门代号及洞口尺寸：M33-1224 J642 2. 玻璃品种、厚度：镶板门	1. 门代号及洞口尺寸：M33-1224 J642 2. 玻璃品种、厚度：镶板门	m^2		
16	010802001002	金属（塑钢）门 1. 门代号及洞口尺寸：M0921 J642 2. 玻璃品种、厚度：镶板门	1. 门代号及洞口尺寸：M0921 J642 2. 玻璃品种、厚度：镶板门	m^2		
17	010804005001	金属格栅门 甲方自定	甲方自定	m^2		
18	010807001001	金属（塑钢、断桥）窗 框、扇材质：铝合金	框、扇材质：铝合金	m^2		
19	011101001001	水泥砂浆楼地面 1. 找平层厚度、砂浆配合比：1∶2 2. 素水泥浆遍数：1 3. 面层做法要求：20 mm 厚 1∶2 水泥砂浆抹面	1. 找平层厚度、砂浆配合比：1∶2 2. 素水泥浆遍数：1 3. 面层做法要求：20 mm 厚 1∶2 水泥砂浆抹面	m^2		

续表

序号	编码	项目名称	项目特征	单位	工程量	计算过程
20	011201001001	墙面一般抹灰 1. 水泥砂浆墙裙 2. 内墙涂料 2 道 3. 8 mm 厚 1∶2 水泥砂浆抹面，压实赶光 4. 12 mm 厚 1∶3 水泥砂浆打底扫毛，划出纹道	1. 水泥砂浆墙裙 2. 内墙涂料 2 道 3. 8 mm 厚 1∶2 水泥砂浆抹面，压实赶光 4. 12 mm 厚 1∶3 水泥砂浆打底扫毛，划出纹道	m^2		
21	011204003001	块料墙面 1. 5 mm 厚白色釉面砖，白水泥擦缝 2. 素水泥浆一道，5 mm 厚 1∶2 建筑胶水泥砂浆黏结 3. 10 mm 厚 1∶3 水泥砂浆打底扫毛，划出纹道	1. 5 mm 厚白色釉面砖，白水泥擦缝 2. 素水泥浆一道，5 mm 厚 1∶2 建筑胶水泥砂浆黏结 3. 10 mm 厚 1∶3 水泥砂浆打底扫毛，划出纹道	m^2		
22	011407001001	墙面喷刷涂料 1. 喷刷大白浆两遍 2. 5 mm 厚 1∶0.3∶2.5 水泥石灰膏砂浆罩面 3. 13 mm 厚 1∶0.3∶3 水泥石灰膏砂浆罩面	1. 喷刷大白浆两遍 2. 5 mm 厚 1∶0.3∶2.5 水泥石灰膏砂浆罩面 3. 13 mm 厚 1∶0.3∶3 水泥石灰膏砂浆罩面	m^2		
23	011407002001	天棚喷刷涂料 1. 喷大白浆涂料底一面二 2. 板底耐水腻子刮平 3. 现浇钢筋混凝土板底刷素水泥砂浆一道	1. 喷大白浆涂料底一面二 2. 板底耐水腻子刮平 3. 现浇钢筋混凝土板底刷素水泥砂浆一道	m^2		

项目 3　建筑面积

建筑面积作为一项技术经济指标，用于建设工程中的各个领域，是国家宏观调控的重要指标之一。建筑面积是指以“m^2”为单位计算建筑物结构外围的水平面积的实物量化指标，它是反映建筑物建筑规模的技术参数，在房地产市场中它作为一项基础性指标，成为政府、开发商及购房人最为关心的核心数据。

任务 1　建筑面积

3.1.1　术语

(1)建筑面积(construction area)

建筑物(包括墙体)所形成的楼地面面积。

(2)结构层高(structure story height)

楼面及地面结构层上表面至上部结构层上表面间的垂直距离。

(3)建筑空间(space)

以建筑界面限定的、供人们生活和活动的场所。

(4)结构净高(structure net height)

楼(地)面结构层上表面至上部结构层下表面间的垂直距离，如图 3.1 所示。

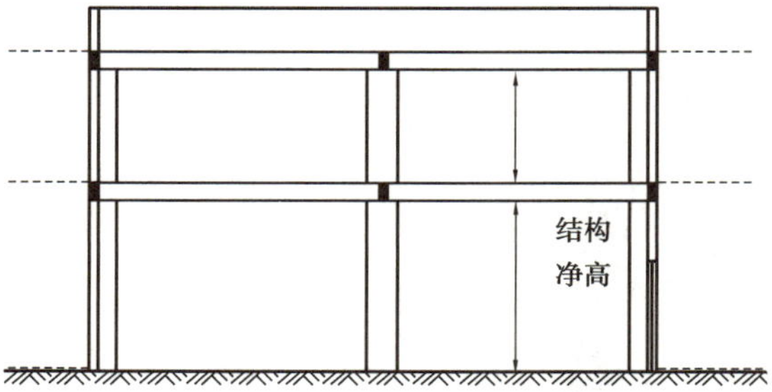

图 3.1　结构净高示意图

(5)围护设施(enclosure facilities)

为保障安全而设置的栏杆、楼板等围挡。

(6)结构层(structure layer)

整体结构体系中承重的楼板层。

(7)门廊(porch)

建筑物入口前有顶棚的半围合空间。

(8)楼梯(stairs)

由连续行走的梯级、休息平台和维护安全的栏杆(或栏板)、扶手以及相应的支托结构组成的作为楼层之间垂直交通使用的建筑部件。

(9)主体结构(major structure)

接受、承担和传递建设工程所有上部荷载,维持上部结构整体性、稳定性和安全性的有机联系的构造。

(10)露台(terrace)

设置在屋面、首层地面或雨篷上的供人室外活动的有围护设施的平台。

(11)台阶(step)

联系室内外地坪或同楼层不同标高而设置的阶梯形踏步。

(12)架空层(stilt floor)

仅有结构支撑而无外围护结构的开敞空间层。

(13)凸窗(飘窗)(bay window)

凸出建筑物外墙面的窗户。计算规则详解如图 3.2 所示。

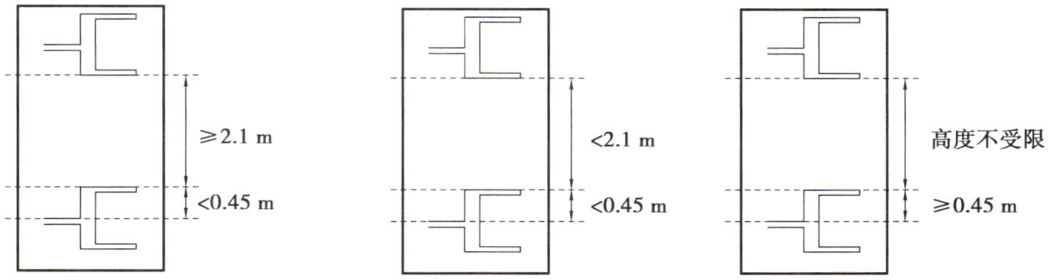

(a)满足这两个条件,则飘窗算半面积　(b)飘窗不算面积　(c)飘窗不算面积

图 3.2　飘窗建筑面积计算示意图

3.0.12 附属在建筑物外墙的落地橱窗,应按其围护结构外围水平面积计算。结构层高在 2.20 m 及以上的,应计算全面积;结构层高在 2.20 m 以下的,应计算 1/2 面积。

3.0.13 窗台与室内楼地面高差在 0.45 m 以下且结构净高在 2.10 m 及以上的凸(飘)窗,应按其围护结构外围水平面积计算 1/2 面积。

3.0.27 不计算建筑面积:窗台与室内地面高差在 0.45 m 以下且结构净高在 2.10 m 以下的凸(飘)窗,窗台与室内地面高差在 0.45 m 及以上的凸(飘)窗。

(14)檐廊(eaves gallery)

建筑物挑檐下的水平交通空间。

(15)门斗(air lock)

建筑物入口处两道门之间的空间。

(16)阳台(balcony)

附设于建筑物外墙,设有栏杆或栏板,可供人活动的室外空间。

(17)骑楼(overhang)

建筑底层沿街面后退且留出公共人行空间的建筑物。

(18)过街楼(overhead building)

跨越道路上空并与两边建筑相连接的建筑物。

(19)勒脚(plinth)

在房屋外墙接近地面部位设置的饰面保护构造。

(20)自然层(floor)

按楼地面结构分层的楼层。

(21)围护结构(building enclosure)

围合建筑空间的墙体、门、窗。

(22)地下室(basement)

室内地平面低于室外地平面的高度超过室内净高的 1/2 的房间。

(23)半地下室(semi-basement)

室内地平面低于室外地平面的高度超过室内净高的 1/3,且不超过 1/2 的房间。

(24)走廊(corridor)

建筑物中的水平交通空间。

(25)架空走廊(elevated corridor)

专门设置在建筑物的二层或二层以上,作为不同建筑物之间水平交通的空间。

(26)落地橱窗(french window)

突出外墙面且根基落地的橱窗。

(27)雨篷(canopy)

建筑出入口上方为遮挡雨水而设置的部件。

(28)变形缝(deformation joint)

防止建筑物在某些因素作用下引起开裂甚至破坏而预留的构造缝。

(29)建筑物通道(passage)

为穿过建筑物而设置的空间。

3.1.2 现行《建筑工程建筑面积计算规范》总结

(1)计算全面积

①建筑物的结构层高在 2.20 m 及以上。

②局部楼层(有围护按围护,无围护按底板)结构层高在 2.20 m 及以上。

③建筑物架空层、坡地建筑物吊脚架空层结构层高在 2.20 m 及以上。

④门厅、大厅内设置的走廊结构层高在 2.20 m 及以上。

⑤地下室、半地下室结构层高在 2.20 m 及以上。

⑥门斗有围护结构结构层高在 2.20 m 及以上。

⑦建筑物顶部的、有围护结构的楼梯间、水箱间、电梯机房结构层高在 2.20 m 及以上。
⑧建筑物内的设备层、管道层、避难层等有结构层的楼层结构层高在 2.20 m 及以上。
⑨形成建筑空间的坡屋顶结构净高在 2.10 m 及以上。
⑩场馆看台下的建筑空间结构净高在 2.10 m 及以上。
⑪围护结构不垂直于水平面的楼层结构净高在 2.10 m 及以上。
⑫有顶盖的采光井应按一层计算面积且结构净高在 2.10 m 及以上。
⑬有围护结构的舞台灯光控制室结构层高在 2.20 m 及以上。
⑭附属在建筑物外墙的落地橱窗结构层高在 2.20 m 及以上。
⑮在主体结构内的阳台。
⑯建筑物间的架空走廊有顶盖和围护设施。

(2)计算一半面积

①建筑物的结构层高在 2.20 m 以下。
②局部楼层结构层高在 2.20 m 以下。
③建筑物架空层、坡地建筑物吊脚架空层结构层高在 2.20 m 以下。
④门厅、大厅内设置的走廊结构层高在 2.20 m 以下。
⑤地下室、半地下室结构层高在 2.20 m 以下。
⑥门斗有围护结构结构层高在 2.20 m 以下。
⑦建筑物顶部的、有围护结构的楼梯间、水箱间、电梯机房结构层高在 2.20 m 以下。
⑧建筑物内的设备层、管道层、避难层等有结构层的楼层结构层高在 2.20 m 以下。
⑨有围护结构的舞台灯光控制室结构层高在 2.20 m 以下。
⑩附属在建筑物外墙的落地橱窗结构层高在 2.20 m 以下。
⑪窗台与室内楼地面高差在 0.45 m 以下且结构净高在 2.10 m 及以上的凸(飘)窗。
⑫门廊、有柱雨篷、无柱雨篷的结构外边线至外墙结构外边线的宽度在 2.10 m 及以上。
⑬围护结构不垂直于水平面的楼层结构净高在 1.20 m 及以上至 2.10 m 以下。
⑭有顶盖的采光井应按一层计算面积,结构净高在 2.10 m 以下的。
⑮形成建筑空间的坡屋顶结构净高在 1.20 m 及以上至 2.10 m 以下。
⑯场馆看台下的建筑空间结构净高在 1.20 m 及以上至 2.10 m 以下。
⑰有顶盖无围护结构的场馆看台。
⑱出入口外墙外侧坡道有顶盖部分。
⑲建筑物间的架空走廊无围护结构、有围护设施的。
⑳有围护设施的室外走廊(挑廊)、有围护设施(或柱)的檐廊。
㉑室外楼梯。
㉒在主体结构外的阳台。
㉓有顶盖无围护结构的车棚、货棚、站台、加油站、收费站。

(3)不计算建筑面积

①形成建筑空间的坡屋顶结构净高小于 2.20 m。
②场馆看台下的建筑空间结构净高小于 2.20 m。
③围护结构不垂直于水平面的楼层结构净高在 2.20 m 以下。

④与建筑物内不相连通的建筑部件。

⑤骑楼、过街楼底层的开放公共空间和建筑物通道。

⑥舞台及后台悬挂幕布和布景的天桥、挑台。

⑦露台、露天游泳池、花架、屋顶的水箱及装饰性结构构件。

⑧建筑物内的操作平台、上料平台、安装箱和罐体的平台。

⑨勒脚、附墙柱、垛、台阶、墙面抹灰、装饰面、镶贴块料面层、装饰性幕墙,主体结构外的空调室外机搁板(箱)、构件、配件,挑出宽度在 2.10 m 以下的无柱雨篷和顶盖高度达到或超过两个楼层的无柱雨篷。

⑩窗台与室内地面高差在 0.45 m 以下且结构净高在 2.10 m 以下的凸(飘)窗,窗台与室内地面高差在 0.45 m 及以上的凸(飘)窗。

⑪室外爬梯、室外专用消防钢楼梯。

⑫无围护结构的观光电梯。

⑬建筑物以外的地下人防通道,独立的烟囱、烟道、地沟、油(水)罐、气柜、水塔、贮油(水)池、贮仓、栈桥等构筑物。

实用技巧

(1)与 2.20 m 有关的条文记忆技巧

凡与 2.20 m 有关的条文均可利用规则之结构层高在 2.20 m 及以上的,应计算全面积;结构层高在 2.20 m 以下的,应计算 1/2 面积。

(2)与"坡"有关的建筑物条文记忆技巧

多层建筑坡屋顶内和场馆看台下,当设计加以利用时净高超过 2.10 m 的部位应计算全面积;净高在 1.20 m 至 2.10 m 的部位应计算 1/2 面积;当设计不利用或室内净高不足 1.20 m 时不应计算面积,如图 3.3 所示。

3.0.3 对于形成建筑空间的坡屋顶,结构净高在 2.10 m 及以上的部位应计算全面积;结构净高在 1.20 m 及以上至 2.10 m 以下的部位应计算 1/2 面积;结构净高在 1.20 m 以下的部位不应计算建筑面积。

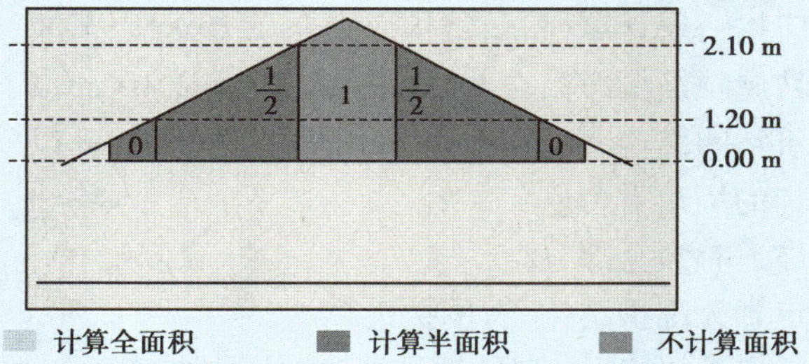

图 3.3　坡屋顶建筑面积计算示意

【例 3.1】如图 3.4、图 3.5 所示,框架结构建筑物,层高 3 m,墙体厚度 240 mm,轴线居中,请计算总建筑面积。

解:$S_{一层}=(11.4+0.24)\times(8.5+0.24)-(3.1+4.1)\times0.9=95.25(m^2)$

$S_{二层}=95.25+[(3.1+4.1)\times1.5+(1.5-0.9)\times0.24]/2=100.72(m^2)$

$S_{总}=95.25+100.72=195.97(m^2)$

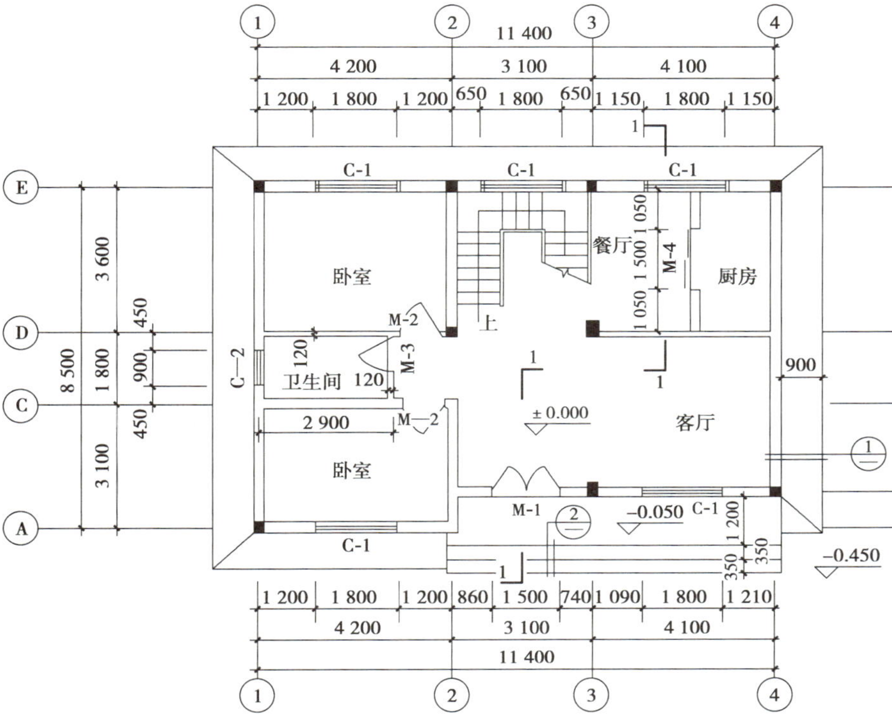

图 3.4　一层平面图

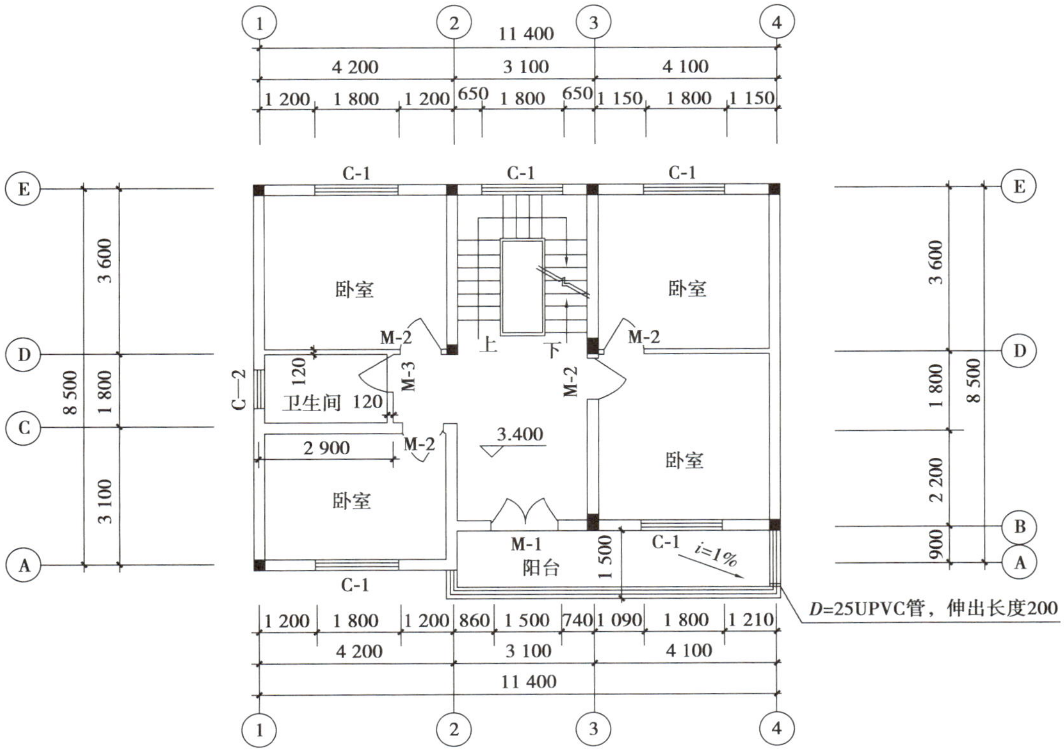

图 3.5　二层平面图

任务 2　一般规定

①单层建筑物无论其高度如何，均按一层计算建筑面积。多层建筑物自然层的层高在2.20 m以上（含2.20 m，下同）者，方可计算建筑面积。

②单层建筑物的建筑面积和多层建筑物首层的建筑面积，均按建筑物外墙勒脚以上结构外围水平面积计算。

③单层建筑物内设有部分楼层者，其二层及二层以上的楼层，以及多层建筑物二层及二层以上的楼层，层高在2.20 m以上者，均计算建筑面积。有围护外墙的，按外墙结构的外围水平面积计算；无外墙的，按自然层结构板水平投影面积计算。单层仿古建筑或多层仿古建筑的两自然结构层间局部有楼层者，按其水平投影面积计算建筑面积。

④高低联跨的单层建筑物，以高跨结构外边线为界，可分别计算建筑面积。同一建筑物的结构、层数不同时，分别计算建筑面积。

⑤设有围护结构（或围栏）不垂直于水平面而超出底板外沿的建筑物，按其底板面的围护结构外围水平面积计算建筑面积。

⑥设有围护性幕墙的建筑物，按幕墙外边线计算建筑面积。

⑦单层仿古建筑，有台明者按台明外围水平面积计算建筑面积；无台明有围护结构的以围护结构水平面积计算建筑面积；围护结构外有檐廊柱的，按檐廊柱外边线水平面积计算建筑面积；围护结构外边线未及构架柱外边线的，按构架柱外边线计算建筑面积。无围护结构的按构架柱外边线计算面积。

⑧多层仿古建筑，其首层的建筑面积计算方法分有、无台明者两种，按上述单层建筑物的建筑面积计算方法计算；二层及二层以上各层建筑面积计算方法，按上述单层无台明建筑的建筑面积计算方法计算。

⑨碉楼式建筑物的碉台内无楼层分界的按一层计算建筑面积，碉台内有楼层分界的分层累计计算建筑面积。单层碉台及多层碉台的首层有台明的按台明外围水平面积计算建筑面积，无台明的按围护结构外围水平面积计算建筑面积。多层碉台的二层及二层以上均按各层围护结构底面外围水平面积计算建筑面积。

任务 3　计算全面积的范围

①单层建筑物按一层建筑面积计算，多层建筑物按各层建筑面积的总和计算。

②地下室、半地下室、地下商店（仓库、车间）、地下车站、地下泳池、地下指挥部等（包括相应的有永久性顶盖的出入口）建筑面积，按其外墙上口（不包括采光井、外墙以外的通风排气竖井、外墙防潮层及其保护墙）外围水平面积计算建筑面积。

③建于坡地的建筑物吊脚架空层、深基础地下架空层，设计加以利用时，有围护结构且层高在2.20 m以上的部位，按该部位的水平面积计算建筑面积。

④建筑物内的门厅、大厅，按一层建筑面积计算。门厅、大厅内设有回廊时，按其水平投影面积计算建筑面积。

⑤建筑物内的夹层、插层，按其层高在 2.20 m 以上的部位计算建筑面积。

⑥技术层和检修通道内设有围护结构的办公室、值班室、储藏室等，层高在 2.20 m 以上时，按其围护结构外围水平面积计算建筑面积。

⑦室内楼梯间、电梯井、观光电梯井、自动扶梯、水平步道（滚梯），按建筑物的自然层计算建筑面积。

⑧室内提物井、管道井、抽油烟机风道、通风排气竖井、垃圾道、附墙烟囱等，按首层面积计算建筑面积。

⑨设有结构层的书库、立体仓库、立体车库，按结构层计算建筑面积；没有结构层的，按一层计算建筑面积。

⑩有围护结构的舞台灯光控制室，按其围护结构外围水平面积分层计算建筑面积。

⑪坡屋顶内和场馆看台下的建筑空间，设计加以利用时，净高超过 2.10 m（不含 2.10 m）的部位，按水平面积计算建筑面积。

⑫建筑物外有围护结构的挑廊、走廊、眺望间、落地橱窗、阳台等，按其围护结构外围面积计算建筑面积。

⑬建筑物间有围护结构的架空走廊，层高在 2.20 m 以上的按围护结构外围水平面积计算建筑面积。

⑭建筑物内的变形缝，依其缝宽按自然层计算建筑面积，并入建筑物建筑面积计算。

项目 4　建筑工程计量与计价

任务 1　工程计量计价依据

4.1.1　工程建设定额

工程定额是指在正常施工条件下完成规定计量单位的合格建筑安装工程所消耗的人工、材料、施工机具台班、工期天数及相关费率等的数量标准。在建筑安装工程施工生产过程中，为完成某项工程或某项结构构件，都必须消耗一定数量的劳动力、材料和机具。在社会平均的生产条件下，把科学的方法和实践经验相结合，生产质量合格的单位工程产品所必需的人工、材料、机具的数量标准，称为工程建设定额。

4.1.2　工程建设定额的作用

①定额是编制工程计划、组织和管理施工的重要依据。为了更好地组织和管理施工生产，必须编制施工进度计划和施工作业计划。在编制计划和组织管理施工生产中，要直接或间接地以各种定额来作为计算人力、物力和资金需用量的依据。

②定额是确定建筑工程造价的依据，在有了设计文件规定的工程规模、工程数量及施工方法之后，即可依据相应定额所规定的人工、材料、机械台班的消耗量，以及单位预算价和各种费用标准来确定工程造价。

③计算招标标底和投标报价、签订总包和分包合同协议等，通常都离不开建筑工程定额。

④定额是总结先进生产方法的手段。

⑤定额是在平均先进合理的条件下，通过对施工生产过程的观察、分析综合制定的，它比较科学地反映了生产技术和劳动组织的先进合理程度。

4.1.3　工程建设定额的分类

1)按定额反映的生产要素分类

按定额反映的生产要素,工程建设定额可分为劳动消耗定额、材料消耗定额及机械台班消耗定额 3 种形式。在工程建设领域,任何建设过程都要消耗大量的人工、材料和机械。劳动定额、材料消耗定额及机械台班消耗定额称为三大基本定额,它们是使用定额消耗量指标的基础。三大基本定额都是计量性定额。

2)按定额编制程序和用途分类

按定额编制程序和用途,工程建设定额可分为施工定额、预算定额、概算定额、概算指标和投资估算指标。

(1)施工定额

施工定额是指以同一性质的施工过程——工序作为研究对象,表示生产产品数量与时间消耗综合关系的定额。施工定额是施工企业(建筑安装企业)为组织生产和加强管理,在企业内部使用的一种定额,属于企业定额的性质。施工定额是建设工程定额中分项最细、定额子目最多的一种定额,也是建设工程定额中的基础性定额。施工定额由人工定额、材料消耗定额和施工机械台班定额所组成。

施工定额是施工企业进行施工组织、成本管理、经济核算和投标报价的重要依据。施工定额直接应用于施工项目的管理,用来编制施工作业计划、签发施工任务单、签发限额领料单,以及结算计件工资或计量奖励工资等。施工定额和施工生产结合紧密,施工定额的定额水平反映施工企业生产与组织的技术水平和管理水平。施工定额也是编制预算定额的基础。

(2)预算定额

预算定额是指以建筑物或构筑物各个分部分项工程为对象编制的定额。预算定额是以施工定额为基础综合扩大编制的,也是编制概算定额的基础。其中的人工、材料和机械台班的消耗水平根据施工定额综合取定,定额项目的综合程度大于施工定额。预算定额是编制施工图预算的主要依据,是编制单位估价表、确定工程造价、控制建设工程投资的基础和依据。与施工定额不同,预算定额是社会性的,而施工定额则是企业性的。

(3)概算定额

概算定额是以扩大的分部分项工程为对象编制的。概算定额是编制扩大初步设计概算、确定建设项目投资额的依据。概算定额一般是在预算定额的基础上综合扩大而成的,每一综合分项概算定额都包含了数项预算定额。

(4)概算指标

概算指标是概算定额的扩大与合并,它是以整个建筑物和构筑物为对象,以更为扩大的计量单位编制的。概算指标的设定和初步设计的深度相适应,一般是在概算定额和预算定额的基础上编制的,是设计单位编制设计概算或建设单位编制年度投资计划的依据,可作为编制投资估算指标的基础。

(5)投资估算指标

投资估算指标通常是以独立的单项工程或完整的工程项目为对象编制确定的生产要素消耗的数量标准或项目费用标准,是根据已建工程或现有工程的价格数据和资料,经分析、归纳和整理编制而成的。投资估算指标是在项目建议书和可行性研究阶段编制投资估算、计算投资需要量时使用的一种指标，是合理确定建设工程项目投资的基础。

3）按照投资的费用性质分类

建设项目投资由建筑安装工程费用、设备及工器具购置费用、工程建设其他费等组成。要合理准确地确定上述费用，就需要使用相应的定额。按照投资的费用性质，工程建设定额分为建筑工程定额、设备安装工程定额、建筑安装工程费用定额、工器具定额以及工程建设其他费用定额等。

4）工程定额知识小结

工程定额知识小结见表4.1—表4.4。

表4.1　按划分标准、分类比较

划分标准	分类				
按定额反映的生产要素	劳动消耗定额	材料消耗定额	机具消耗定额	【补】按要素分类涉及劳动力、机械台班（时间定额、产量定额）	
按编制程序和用途	施工定额	预算定额	概算定额	概算指标	投资估算指标
按专业	建筑工程定额	安装工程定额	—	—	—
按主编单位和管理权限	全国统一定额	行业统一定额	地区统一定额	企业定额	补充定额

表4.2　按研究对象、定额水平比较

分类	施工定额	概算定额	概算指标	投资估算指标
对象	施工过程或基本工序	扩大的分项工程或扩大的结构构件	单位工程	建设项目、单项工程、单位工程
用途	编制施工预算	编制扩大初步设计概算	编制初步设计概算	编制投资估算
项目划分	最细	较粗	粗	很粗
定额水平	平均先进	平均	平均	平均
定额性质	生产性定额	计价性定额		

表4.3　按用途比较

施工定额	企业内部使用，企业性质定额；基础性定额；消耗人、材、机的数量标准
预算定额	以施工定额为基础综合扩大编制的，编制概算定额的基础；消耗人、材、机数量及其费用标准
概算定额	编制扩大初步设计概算，消耗人、材、机数量及其费用标准，包含了数项预算定额
概算指标	以单位工程为对象，包括人工、材料、机具台班定额3个部分，同时列出了分部工程量及单位工程造价、经济指标
投资估算指标	以建设项目、单项工程、单位工程为对象，反映建设总投资及其各项费用构成的经济指标。若用于项目建议书阶段和可行性研究阶段，概略程度应与工作要求相适应，往往根据历史的预、决算资料和价格变动等资料编制，编制基础离不开预算定额、概算定额

表 4.4　按通用范围和主管权限分类

全国统一定额	国家建设行政主管部门综合全国工程建设中技术和施工组织管理的情况编制,并在全国范围内执行的定额
行业统一定额	考虑各行业专业工程技术特点,以及施工生产和管理水平编制的。一般只在本行业和相同专业性质的范围内使用
地区统一定额	包括省、自治区、直辖市定额。地区统一定额主要是考虑地区性特点和全国统一定额水平作适当调整和补充编制
企业定额	根据本企业的施工技术、机械装备和管理水平编制的人工、材料、施工机具台班等的消耗标准。企业定额在企业内部使用,是企业综合素质的标志。企业定额水平一般应高于国家现行定额,才能满足生产技术发展、企业管理和市场竞争的需要
补充定额	随着设计、施工技术的发展,现行定额不能满足需要的情况下,为了补充缺陷所编制的定额。补充定额只能在指定的范围内使用,可以作为以后修订定额的基础

4.1.4　工程建设定额的特性

1)科学性

工程建设定额的科学性包括两重含义:一重含义是指工程建设定额和生产力发展水平相适应,反映出工程建设中生产消费的客观规律;另一重含义是指工程建设定额管理在理论、方法和手段上适应现代科学技术和信息社会发展的需要。

工程建设定额的科学性,首先表现在用科学的态度制定定额,尊重客观实际,力求定额水平合理;其次表现在制定定额的技术方法上,利用现代科学管理的成就,形成一套系统的、完整的、在实践中行之有效的方法;最后表现在定额制定和贯彻的一体化上,制订是为了提供贯彻的依据,贯彻是为了实现管理的目标,也是对定额的信息反馈。

2)系统性

工程建设定额是相对独立的系统。它是由多种定额结合而成的有机整体,其结构复杂,有鲜明的层次,有明确的目标。工程建设定额的系统性由工程建设的特点决定。按照系统论的观点,工程建设就是一个庞大的实体系统,工程建设定额是为这个实体系统服务的。工程建设本身的多种类、多层次决定了以它为服务对象的工程建设定额的多种类、多层次。从整个国民经济来看,进行固定资产生产和再生产的工程建设,是由多项工程集合的整体,其中包括农林水利、轻纺、机械、煤炭、电力、石油、冶金、化工、建材工业、交通运输、邮电工程,以及商业物资、科学教育文化、卫生体育、社会福利和住宅工程,等等。这些工程的建设都有严格的项目划分,如建设项目、单项工程、单位工程、分部分项工程。在计划和实施过程中有严密的逻辑阶段,如规划、可行性研究、设计、施工、竣工交付使用以及投入使用后的维修。与此相适应,必然形成工程建设定额的多种类、多层次。

3)统一性

工程建设定额的统一性主要是由国家对经济发展计划的宏观调控职能决定的。为了使国民经济按照既定的目标发展,就需要借助某些标准、定额、参数等,对工程建设进行规划、组织、调节、控制,而这些标准、定额、参数必须在一定范围内是一种统一的尺度,才能实现上述职能,才能利用它对项目的决策、设计方案、投标报价、成本控制进行比较和评价。工程建设定额的统一性按照其影响力和执行范围来看,有全国统一定额、地区统一定额和行业统一定额等;按照定额的制定、颁布和贯彻使用来看,有统一的程序、统一的原则、统一的要求和统一的用途。

我国工程建设定额的统一性和工程建设本身的巨大投入和巨大产出有关。它对国民经济的影响不仅表现在投资的总规模和全部建设项目的投资效益等方面,还表现在具体建设项目的投资数额及其投资效益方面需要借助统一的工程建设定额进行社会监督。这一点与工业生产、农业生产中的工时定额、原材料定额不同。

4)权威性

工程建设定额具有很强的权威性,这种权威性在一些情况下具有经济法规性质。权威性反映统一的意志和统一的要求,也反映信誉和信赖程度,以及反映定额的严肃性。工程建设定额的权威性的客观基础是定额的科学性,只有科学的定额才具有权威性。应该指出的是,在社会主义市场经济条件下,对定额的权威性不应绝对化。定额的科学性会受到人们认识的局限,定额的权威性会受到限制。随着投资体制改革和投资主体多元化格局的形成,随着企业经营机制的转换,它们都可以根据市场的变化和自身的情况,自主地调整自己的决策行为。一些与经营决策有关的工程建设定额的权威性特征弱化了,但直接与施工生产相关的定额,在企业经营体制转换和增长方式的要求下,其权威性必须进一步强化。

5)稳定性和时效性

工程建设定额中的任何一种定额都是一定时期技术发展和管理水平的反映,在一段时间内都表现出稳定的状态。稳定的时间有长有短,一般为5~10年。保持定额的稳定性是维护定额的权威性所必需的,更是有效地贯彻定额所必需的。如果某种定额处于经常修改变动之中,那么必然造成执行中的困难和混乱,使人们感到没有必要去认真对待它,很容易导致定额权威性的丧失。工程建设定额的不稳定会给定额的编制工作带来极大困难。但是工程建设定额的稳定性是相对的。当生产力向前发展了,定额就会与发展了的生产力不相适应,这样原有的作用就会逐步减弱以至消失,需要重新编制或修订。

任务2　土石方工程

4.2.1　土石方工程基础知识

土石方工程的主要计算内容有平整场地、土石方开挖(图4.1)、土石方回填等。

土木工程中,常见的土石方工程有场地平整、基坑(槽)与管沟开挖、路基开挖、人防工程开挖、地坪填土、路基填筑以及基坑回填。要合理安排施工计划,尽量不要安排在雨季。为了降低土石方工程施工费用,贯彻不占或少占农田和可耕地并有利于改地造田的原则,要作出土石方的合理调配方案,统筹安排。

图 4.1　土石方开挖现场图

1）土石方工程计算前的准备工作

①土壤及岩石类别和地下水位标高的确定，目的是确定使用干土定额还是湿土定额。

②土石方、基槽、基坑挖（填）起止标高、施工方法及运距的确定，目的是确定土方的开挖深度。

③放坡系数的确定。当开挖深度超过放坡起点时，为保证施工时不会出现坑壁坍塌，需要将坑壁做成倾斜面，而坑壁的倾斜程度用放坡系数表示，具体见表 4.5。若现场条件不允许放坡，则需要做支护，若是支护，则需要考虑支护设施所占的空间，支护设施所占的空间按体积计算，支护的长度和高度等同于开挖的长度与深度，厚度统一取 10 cm/侧。

表 4.5　放坡系数表

土类别	放坡起点/m	人工挖土	机械挖土		
			在坑内作业	在坑上作业	顺沟槽在坑上作业
一、二类土	1.20	1 : 0.5	1 : 0.33	1 : 0.72	1 : 0.5
三类土	1.50	1 : 0.33	1 : 0.25	1 : 0.67	1 : 0.33
四类土	2.00	1 : 0.25	1 : 0.10	1 : 0.33	1 : 0.25

注：1. 沟槽、基坑中土类别不同时，分别按其放坡起点、放坡系数、依不同土类别厚度加权平均计算。

2. 计算放坡时，在交接处的重复工程量不予扣除，原槽、坑作基础垫层时，放坡自垫层上表面开始计算。

④工作面宽度的确定，见表 4.6。

表 4.6　基础施工所需工作面宽度计算表

基础材料	每边各增加工作面宽度/mm
砖基础	200
浆砌毛石、条石基础	150
混凝土基础垫层支模板	300
混凝土基础支模板	300
基础垂直面做防水层	1 000（防水层面）

注：本表按《全国统一建筑工程预算工程量计算规则》（GJDGZ-101-95）整理。

⑤土石方体积折算系数的确定。土石方体积一般按挖掘前的天然密实体积(自然方)计算。如遇挖松散土石方,需以天然密实体积折算,土石方体积折算系数见表4.7和表4.8。

表4.7　土方体积折算系数表

虚方体积	天然密实体积	夯实后体积	松散体积
1.00	0.77	0.67	0.83
1.20	0.92	0.80	1.00
1.30	1.00	0.87	1.08
1.50	1.15	1.00	1.25

表4.8　石方体积折算系数表

石方类别	天然密实度体积	虚方体积	松填体积	码方
石方	1.0	1.54	1.31	
块石	1.0	1.75	1.43	1.67
砂夹石	1.0	1.07	0.94	

注:本表按《爆破工程消耗量定额》(GYD-102-2008)整理。

2)土石方工程量计算方法

在计算土石方工程量时经常会碰到一些类似锥体、棱台等几何形体的地形单体,这些地形单体的体积可用相近的几何体体积公式来计算,见表4.9。

表4.9　土方工程量估算表

序号	几何体名称	几何体形状	体积
1	圆锥	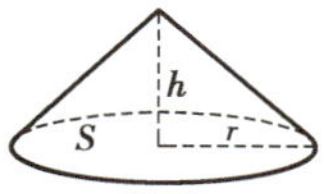	$V=\frac{1}{3}\pi r^2 h$
2	圆台	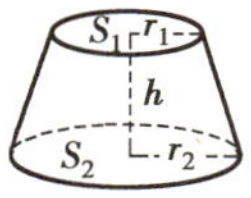	$V=\frac{1}{3}\pi h(r_1^2+r_2^2+r_1 r_2)$
3	棱锥	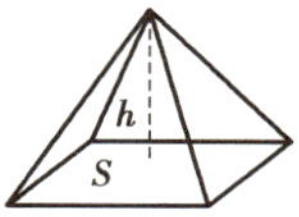	$V=\frac{1}{3}Sh$
4	棱台	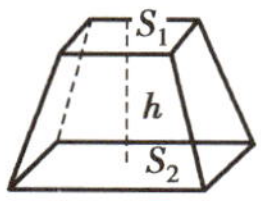	$V=\frac{1}{3}h(S_1+S_2+\sqrt{S_1 S_2})$
5	球缺	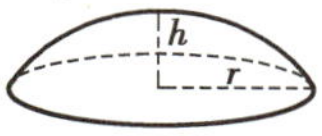	$V=\frac{\pi h}{6}(h^2+3r^2)$
式中:V—体积;r—半径;S—底面积;h—高;r_1,r_2—上、下底半径;S_1,S_2—上、下底面积			

这种方法计算简单,但是精度较差,多用于估算。

(1)断面法

断面法是以一组等距(或不等距)的互相平行的截面将拟计算的地块、地形单体(如山、溪涧、池、岛等)和土方工程(如堤、沟渠、路堑、路槽等)分截成“段”。

根据分“段”方向分垂直断面法和水平断面法(也称等高面法)。

①垂直断面法。如图4.2所示为垂直断面法示意图,其计算公式为

$$V=\frac{1}{3}S_1L+\frac{S_1+S_2}{2}L+\frac{S_2+S_3}{2}L+\cdots+\frac{1}{3}S_{11}L$$

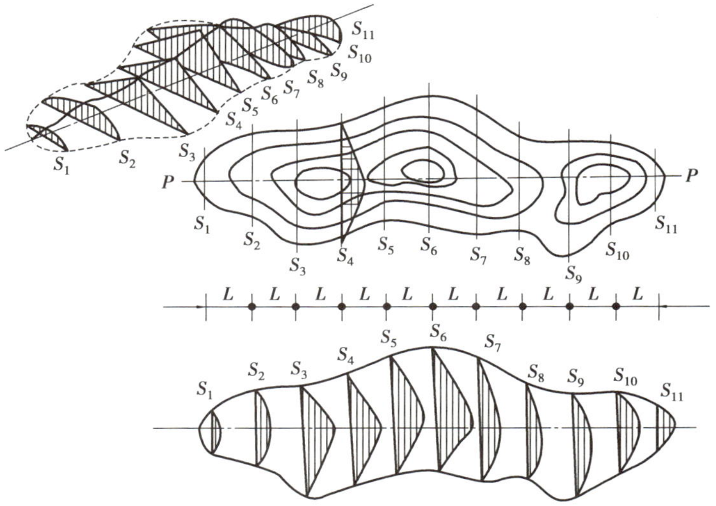

图4.2　垂直断面法示意图

②水平断面法。水平断面法的计算公式为

$$V=\frac{S_1+S_2}{2}h+\frac{S_2+S_3}{2}h+\cdots+\frac{1}{3}S_nh$$

(2)方格网法

用方格网法计算土方量相对比较精确,一般用于平整场地,即将原来高低不平的、比较破碎的地形按设计要求整理成平坦的具有一定坡度的场地。

其基本工作程序为:划分方格网→计算原地形标高→计算设计标高→计算施工标高→求零点线→土方量计算。

划分方格网是指在附有等高线的地形图上划分若干正方形的小方格网。方格的边长取决于地形状况和计算精度要求,如图4.3所示。建筑工程中,在地形相对平坦地段,方格边长一般可采用20~40 m;地形起伏较大地段,方格边长可采用10~20 m。

计算原地形标高是指根据总平面图上的原地形等高线确定每一个方格交叉点的原地形标高,或根据原地形等高线采用插入法计算出每个交叉点的原地形标高。将原地形标高数字填入方格网点的右下角,如图4.4所示。

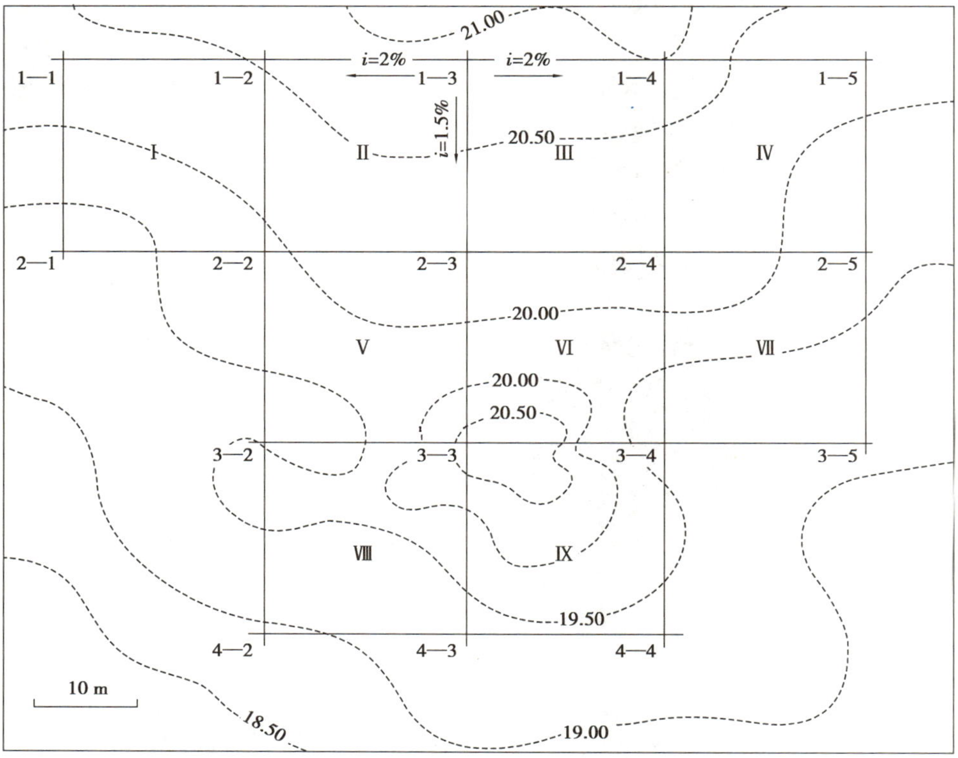

图 4.3　方格网法示意图(1)

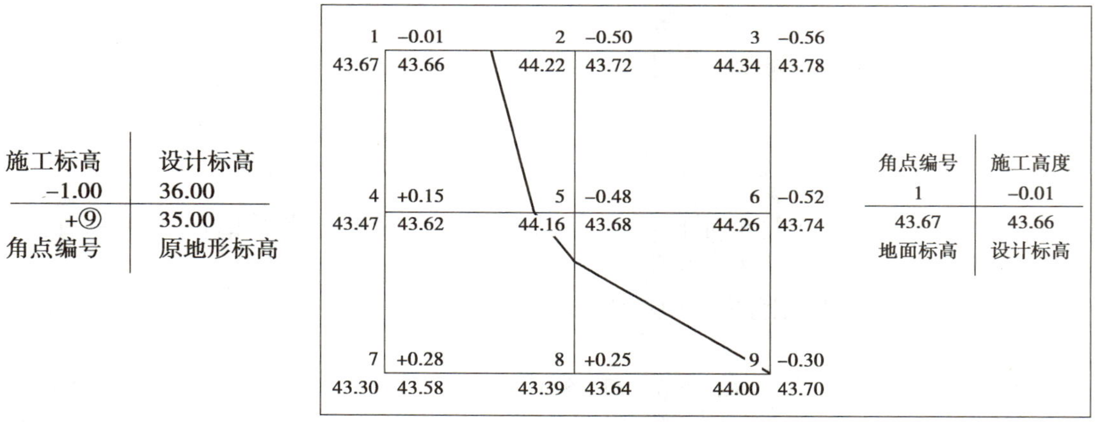

图 4.4　方格网法示意图(2)

3)土石方工程量清单规范

清单计算的是图纸的净尺寸。土方工程量清单见表 4.10,石方工程量清单见表 4.11。

表4.10 土方工程清单

项目编码	项目名称	项目特征	计量单位	工程量计算规则	工作内容
010101001	平整场地	1. 土壤类别 2. 弃土运距 3. 取土运距	m^2	按设计图示尺寸以建筑物首层建筑面积计算	1. 土方挖填 2. 场地找平 3. 运输
010101002	挖一般土方	1. 土壤类别 2. 挖土深度 3. 弃土运距	m^3	按设计图示尺寸以体积计算	1. 排地表水 2. 土方开挖 3. 围护(挡土板)及拆除 4. 基底钎探 5. 运输
010101003	挖沟槽土方			按设计图示尺寸以基础垫层底面积乘以挖土深度计算	
010101004	挖基坑土方				
010101005	冻土开挖	1. 冻土厚度 2. 弃土运距		按设计图示尺寸开挖面积乘厚度以体积计算	1. 爆破 2. 开挖 3. 清理 4. 运输
010101006	挖淤泥、流砂	1. 挖掘深度 2. 弃淤泥、流砂距离		按设计图示位置、界限以体积计算	1. 开挖 2. 运输
010101007	管沟土方	1. 土壤类别 2. 管外径 3. 挖沟深度 4. 回填要求	1. m 2. m^3	1. 以米计量,按设计图示以管道中心线长度计算 2. 以立方米计量,按设计图示管底垫层面积乘以挖土深度计算;无管底垫层按管外径的水平投影面积乘以挖土深度计算。不扣除各类井的长度,井的土方并入	1. 排地表水 2. 土方开挖 3. 围护(挡土板)、支撑 4. 运输 5. 回填

注:1. 挖土方平均厚度应按自然地面测量标高至设计地坪标高间的平均厚度确定。基础土方开挖深度应按基础垫层底表面标高至交付施工场地标高确定,无交付施工场地标高时,应按自然地面标高确定。

2. 建筑物场地厚度≤±300 mm 的挖、填、运、找平,应按本表中平整场地项目编码列项。厚度>±300 mm 的竖向布置挖土或山坡切土应按本表中挖一般土方项目编码列项。

3. 沟槽、基坑、一般土方的划分为:底宽≤7 m 且底长>3 倍底宽为沟槽;底长≤3 倍底宽且底面积≤150 m^2 为基坑;超出上述范围则为一般土方。

4. 挖土方如需截桩头时,应按桩基工程相关项目列项。

5. 桩间挖土不扣除桩的体积,并在项目特征中加以描述。

6. 弃、取土运距可以不描述,但应注明由投标人根据施工现场实际情况自行考虑,决定报价。

7. 土壤的分类应按《房屋建筑与装饰工程工程量计算规范》(GB 50854—2013)表 A.1-1 确定,如土壤类别不能准确划分时,招标人可注明为综合,由投标人根据地勘报告决定报价。

8. 土方体积应按挖掘前的天然密实体积计算。非天然密实土方应按《房屋建筑与装饰工程工程量计算规范》(GB 50854—2013)表 A.1-2 折算。

9. 挖沟槽、基坑、一般土方因工作面和放坡增加的工程量(管沟工作面增加的工程量)是否并入各土方工程量中,应按各省、自治区、直辖市或行业建设主管部门的规定实施,如并入各土方工程量中,办理工程结算时,按经发包人认可的施工组织设计规定计算,编制工程量清单时,可按《房屋建筑与装饰工程工程量计算规范》(GB 50854—2013)表 A.1-3—表 A.1-5 规定计算。

10. 挖方出现流砂、淤泥时,如设计未明确,在编制工程量清单时,其工程数量可为暂估量,结算时应根据实际情况由发包人与承包人双方现场签证确认工程量。

11. 管沟土方项目适用于管道(给排水、工业、电力、通信)、光(电)缆沟[包括:人(手)孔、接口坑]及连接井(检查井)等。

表 4.11　石方工程清单

项目编码	项目名称	项目特征	计量单位	工程量计算规则	工作内容
010102001	挖一般石方	1. 岩石类别 2. 开凿深度 3. 弃碴运距	m^3	按设计图示尺寸以体积计算	1. 排地表水 2. 凿石 3. 运输
010102002	挖沟槽石方			按设计图示尺寸沟槽底面积乘以挖石深度以体积计算	
010102003	挖基坑石方			按设计图示尺寸基坑底面积乘以挖石深度以体积计算	
010102004	挖管沟石方	1. 岩石类别 2. 管外径 3. 挖沟深度	1. m 2. m^3	1. 以米计量，按设计图示以管道中心线长度计算 2. 以立方米计量，按设计图示截面积乘以长度计算	1. 排地表水 2. 凿石 3. 回填 4. 运输

注：1. 挖石应按自然地面测量标高至设计地坪标高的平均厚度确定。基础石方开挖深度应按基础垫层底表面标高至交付施工现场地标高确定，无交付施工场地标高时，应按自然地面标高确定。
2. 厚度>±300 mm 的竖向布置挖石或山坡凿石应按本表中挖一般石方项目编码列项。
3. 沟槽、基坑、一般石方的划分为：底宽≤7 m 且底长>3 倍底宽为沟槽；底长≤3 倍底宽且底面积≤150 m^2 为基坑；超出上述范围则为一般石方。
4. 弃碴运距可以不描述，但应注明由投标人根据施工现场实际情况自行考虑，决定报价。
5. 岩石的分类应按《房屋建筑与装饰工程工程量计算规范》(GB 50854—2013)表 A.2-1 确定。
6. 石方体积应按挖掘前的天然密实体积计算。非天然密实石方应按《房屋建筑与装饰工程工程量计算规范》(GB 50854—2013)表 A.2-2 折算。
7. 管沟石方项目适用于管道(给排水、工业、电力、通信)、光(电)缆沟[包括：人(手)孔、接口坑]及连接井(检查井)等。

4) 场地平整

场地平整是指建筑物场地厚度在±300 mm 以内的挖、填、运、找平，其开挖纵断面如图 4.5 所示。

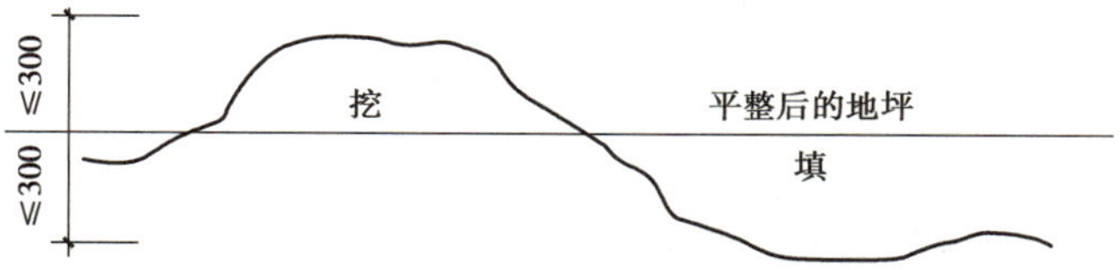

图 4.5　土石方开挖现场图

①平整场地计算规则。

a. 清单规则：按设计图示尺寸以建筑物首层面积计算。

b. 定额规则：按设计图示尺寸以建筑物外墙外边线每边各加 2 m 以“m^2”面积计算。

②平整场地计算公式为：

$$S=(A+4)\times(B+4)=S_{底}+2L_{外}+16$$

式中　S——平整场地工程量；

A——建筑物长度方向外墙外边线长度；

B——建筑物宽度方向尺寸。

4.2.2　开挖方式相关问题

计算土石方工程量前，应确定下列各项资料：

①土壤及岩石类别的确定：土石方工程土壤及岩石类别的划分，依工程勘测资料与土壤及岩石分类表对照后确定，见表4.12和表4.13。

②地下水位标高及排(降)水方法。

③土方、沟槽、基坑挖(填)起止标高、施工方法及运距。

④岩石开凿、爆破方法，石渣清运方法及运距。

⑤其他有关资料。

土石方体积，均以挖掘前的天然密实体积计算。如遇有必须以天然密实体积折算时，可按表4.7和表4.8所列数值换算。

表4.12　土壤分类表

土壤分类	土壤名称	开挖方法
一、二类土	粉土、砂土(粉砂、细砂、中砂、粗砂、砾砂)、粉质黏土、弱中盐渍土、软土(淤泥质土、泥炭、泥炭质土)、软塑红黏土、冲填土	用锹，少许用镐、条锄开挖。机械能全部直接铲挖满载者
三类土	黏土、碎石土(圆砾、角砾)混合土、可塑红黏土、硬塑红黏土、强盐渍土、素填土、压实填土	主要用镐、条锄，少许用锹开挖。机械需部分刨松方能铲挖满载者或可直接铲挖但不能满载者
四类土	碎石土(卵石、碎石、漂石、块石)、坚硬红黏土、超盐渍土、杂填土	全部用镐、条锄挖掘，少许用撬棍挖掘。机械须普遍刨松方能铲挖满载者

注：本表土的名称及其含义按国家标准《岩土工程勘察规范(2009年版)》(GB 50021—2001)定义。

表4.13　岩石分类表

岩石分类		代表性岩石	开挖方法
极软岩		1. 全风化的各种岩石 2. 各种半成岩	部分用手凿工具，部分用爆破法开挖
软质岩	软岩	1. 强风化的坚硬岩或较硬岩 2. 中等风化—强风化的较软岩 3. 未风化—微风化的页岩、泥岩、泥质砂岩等	用风镐和爆破法开挖
软质岩	较软岩	1. 中等风化—强风化的坚硬岩或较硬岩 2. 未风化—微风化的凝灰岩、千枚岩、泥灰岩、砂质泥岩等	用爆破法开挖
硬质岩	较硬岩	1. 微风化的坚硬岩 2 未风化—微风化的大理岩、板岩、石灰岩、白云岩、钙质砂岩等	用爆破法开挖
硬质岩	坚硬岩	未风化—微风化的花岗岩、闪长岩、辉绿岩、玄武岩、安山岩、片麻岩、石英岩、石英砂岩、硅质砾岩、硅质石灰岩等	用爆破法开挖

注：本表依据国家标准《工程岩体分级标准》(GB/T 50218—2014)和《岩土工程勘察规范(2009年版)》(GB 50021—2001)整理。

土方平均厚度应按自然地面测量标高至设计地坪标高间的平均厚度确定。基础土方、石方开挖深度应按基础垫层底表面标高至交付施工场地标高确定，无交付施工场地标高时，应按自然地面标高确定，如图 4.6 所示。

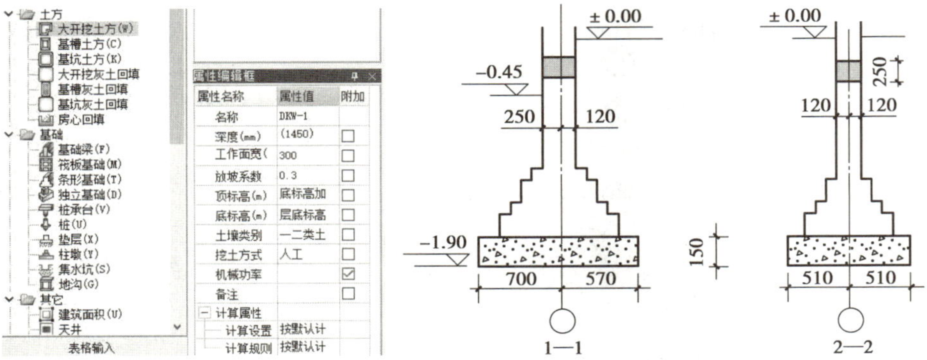

图 4.6　基础土方、石方开挖深度图

土石方开挖施工，包括松动、破碎、挖装、运输出渣等工序。石方开挖，除松软岩石可用松土器以凿裂法开挖外，一般以爆破的方法进行松动、破碎。人工和半机械化开挖，使用锹、风镐、风钻等简单工具，配合挑抬或者简易小型的运输工具进行作业，适用于小型水利工程。有些灌溉排水沟渠的施工直接使用开沟机，可以一次成形，大中型水利工程的土石方开挖多用机械施工。

为安全起见，当挖土深度超过一定范围时，需要放坡，放坡一般从垫层上表面开始。放坡会增加土方的工程量，而这个增加的工程量在定额中予以表现。放坡的起点依土壤的类别不同而不同（土壤类别的确定查看相关部门的检测，一般施工图纸或施工组织设计上会有），其放坡系数则查看经批准的施工组织设计。如果施工组织设计没有特别规定的，参照定额的规定。

挖基础土方包括带形基础、独立基础、满堂基础（包括地下室基础）及设备基础、人工挖孔桩等的挖方，如图 4.7 所示。带形基础应按不同底宽和深度，独立基础和满堂基础应按不同底面积和深度分别编码列项。

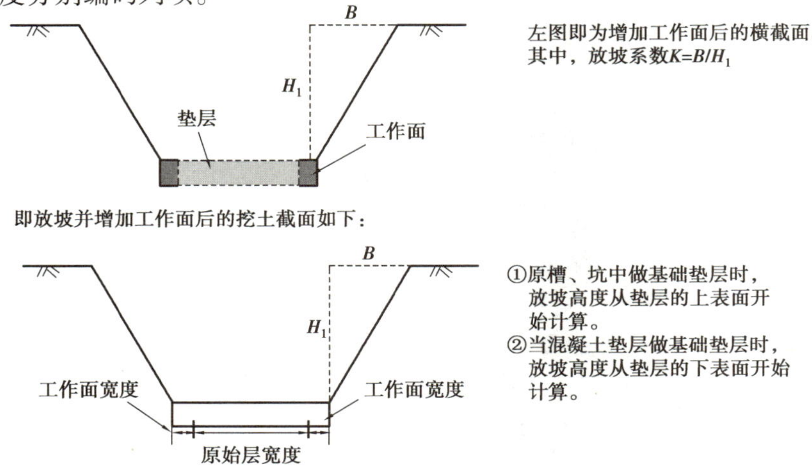

图 4.7　挖基础土方示意图

4.2.3　沟槽、基坑划分

①凡图示沟槽底宽在 7 m 以内，且槽长大于槽宽 3 倍以上的为沟槽。

②凡图示基坑底面积在 150 m^2 以内，且坑底的长与宽之比小于或等于 3 的为基坑。

③凡图示沟槽底宽 7 m 以外，坑底面积 150 m^2 以外，平整场地挖土方厚度在 30 cm 以外，均按挖一般土石方计算。

如图 4.8 所示为沟槽、基坑土石方开挖现场。

图 4.8　沟槽、基坑土石方开挖现场图

注：

①挖沟槽、基坑需支挡土板时，其宽度按图示沟槽、基坑底宽，每边各加 10 cm。挡土板面积，按沟槽、基坑垂直支撑面积计算。双面支撑按单面垂直面积计算，套用双面支挡土板定额，无论连续或断续均执行本定额。凡放坡部分不得再计算挡土板，支挡土板后，不得再计算放坡。

②基础施工所需工作面，按定额规定计算。

③挖沟槽长度，外墙按图示中心线长度计算；内墙按图示基础底面之间净长线长度计算：内外突出部分(垛、附墙烟囱等)体积并入沟槽土方工程量内计算。挖基坑土方均以图示尺寸计算。

④挖管道沟槽按图示中心线长度计算，沟底宽度，设计有规定的，按设计规定尺寸计算；设计无规定的，按图示宽度计算。

4.2.4　土石方工程量计算规则与公式

1)挖土方 010101002

按设计图示尺寸以体积计算。

2)挖基础土方 010101003

按设计图示尺寸以基础垫层底面积乘以挖土深度计算。

工程量表示：土方开挖体积(m^3)。

(1)基槽开挖

$$基槽开挖=基槽断面面积(m^2)\times 基槽长度(m)$$

①基槽长度：外墙按图示中心线长度计算；内墙按图示基础底面之间的净长线长度计算。

②基槽断面面积：根据条形基础的截面形状不同，计算的方式也不同，如图 4.9 所示。

③槽深度：按图示沟槽底面至室外设计地坪标高的距离计算，见图 4.10 中的 H。

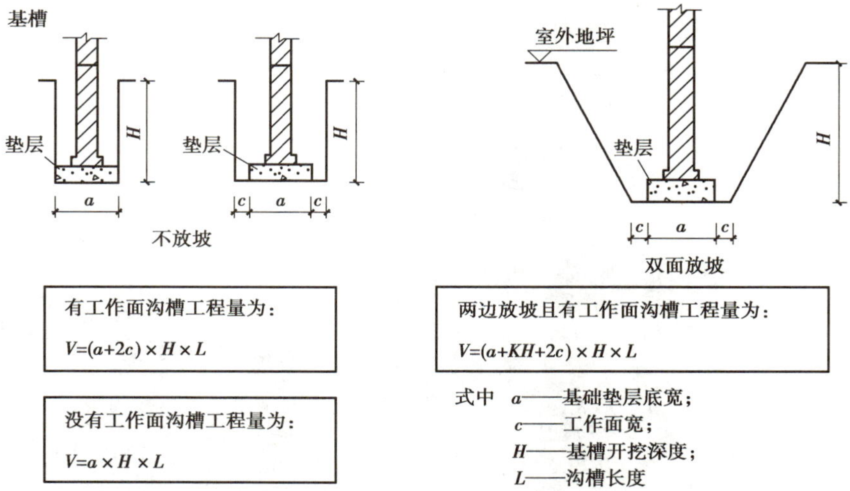

图 4.9 基槽断面面积计算示意图

(2)不放坡但须支挡土板时

开挖基坑(槽)时，采用放坡是比较经济的，但是，如果地质条件及周围环境不允许，如在建筑稠密地区施工，或有地下水渗入基坑(槽)时，往往不可能按照要求的坡度放坡开挖，这时就需要进行基坑(槽)支护，以保证施工的顺利和安全，并减少对相邻建筑、管线的不利影响。

在土石方工程中，需要考虑的支护方式主要指的是挡土板。

支挡土板后的沟槽工程量[图 4.10(b)]为

$$V=(a+2c+0.1\times 2)\times H\times L$$

式中 a——基础垫层底宽；

c——工作面宽；

0.1——100 mm 挡土板厚度；

H——开挖深度；

L——沟槽长度。

不放坡、不支护的[图 4.10(a)]：$A=(a+2c)\times H$。A 为基槽断面面积，下同。

不放坡、双面支护的[图 4.10(b)]：$A=(a+2c+0.2)\times H$(注：支挡土板单面加 10 cm，双面加 20 cm)，支护的面积按沟槽、基坑垂直支撑面积计算。

不支护，垫层下表面双面放坡的[图 4.10(c)]：$A=(a+2c+KH)\times H$。

不支护，垫层上表面双面放坡的[图 4.10(d)]：$A=(a_2+2c+KH_2)\times H_2+a_1\times H_1$。

计算注意事项：内外突出部分(垛、附墙烟囱、垃圾道等)体积并入基槽土方工程量内。挖基槽需要放坡时，交接处重复工程量不扣除，如图 4.11 所示。

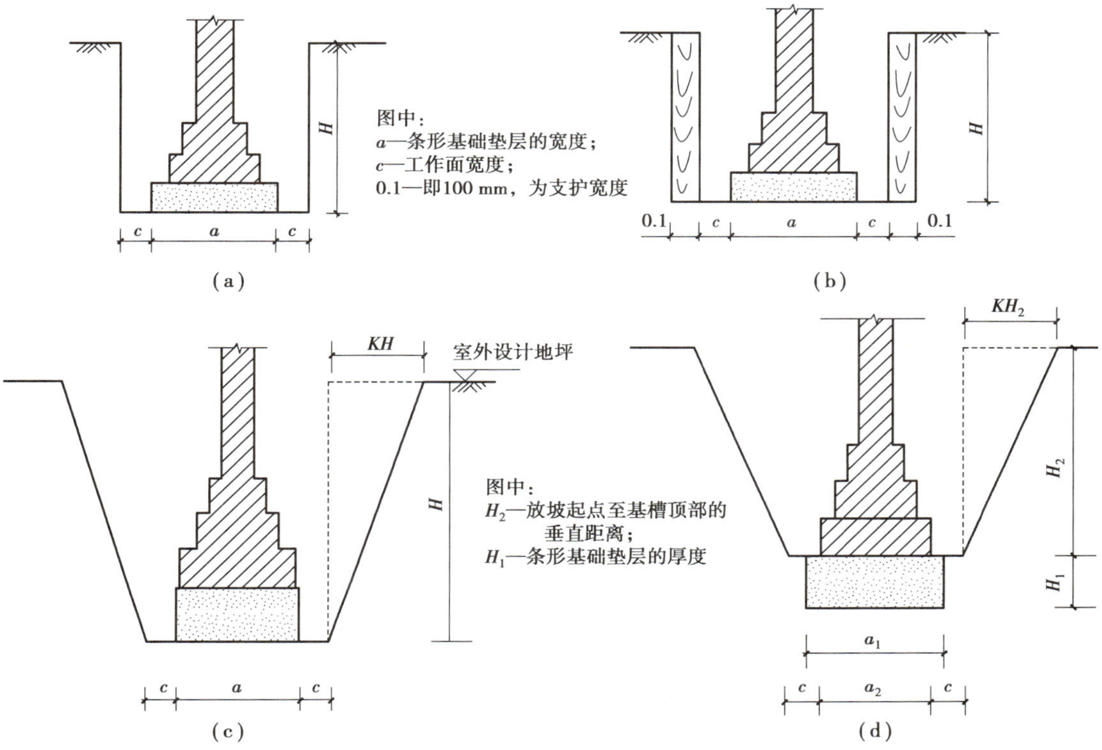

图 4.10　土石方开挖基槽深度示意图

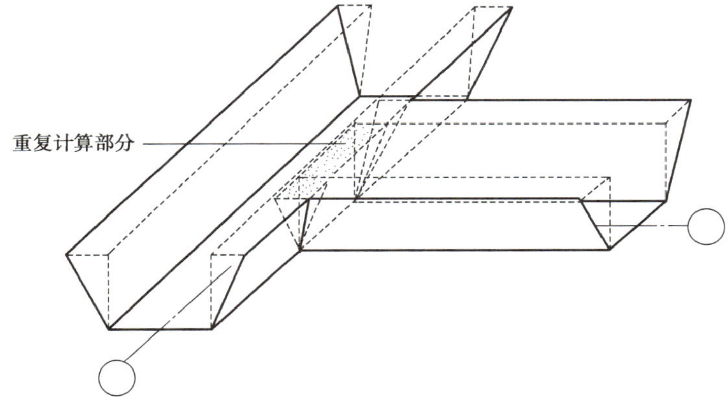

图 4.11　内外突出部分体积并入基槽土方工程量内示意图

(3)挖管道沟槽

挖管道沟槽按图示中心线长度计算，沟底宽度，设计有规定的，按设计规定尺寸计算；设计无规定的，按定额规定执行。

(4)基坑开挖(根据基坑形式不同算法有区别)

①矩形。挖成的形状为倒置的棱台体(放坡)或立方体，挖基坑的工程量等于立方体或棱

台体的体积，如图 4.12 所示。图中：H 为基坑开挖深度（同基槽开挖深度）；c 为工作面；a，b 为坑内独立基础垫层的长和宽（俯视角度）。

$$\text{基坑开挖工程量}=\text{倒棱台的体积}=(a+2c+KH)\times(b+2c+KH)\times H+\frac{4K^2H^3}{3}$$

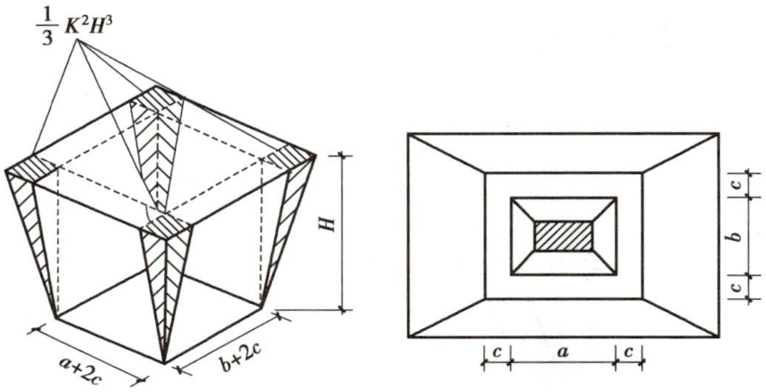

图 4.12　倒置的棱台体（放坡）或立方体土石方开挖示意图

②圆形。挖成的形状为倒置的圆台体（放坡）或圆柱体，挖基坑的工程量等于圆柱体或圆台体的体积，如图 4.13 所示。图中：H 为基坑开挖深度（同基槽开挖深度）；R_1 和 R_2 分别为基坑底面和顶面的半径。

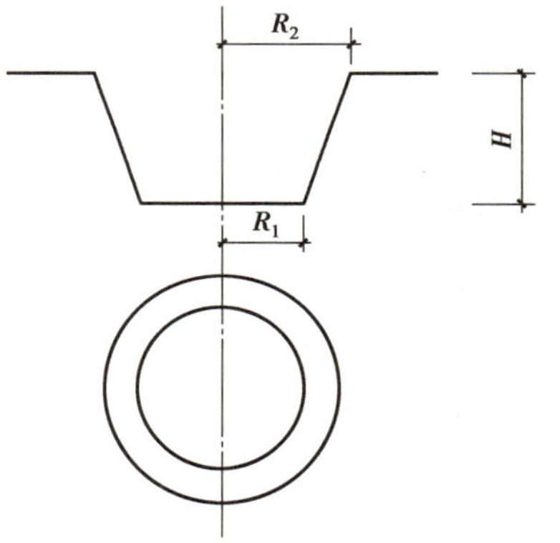

图 4.13　圆台体（放坡）或圆柱体土石方开挖示意图

对圆形基坑，有

$$V=\frac{1}{3}H(S_1+S_2+\sqrt{S_1S_2})$$

$$V=\frac{1}{3}\pi H(R_1^2+R_2^2+R_1R_2)$$

$$V=\frac{1}{3}H(\pi R_2^2+\pi R_1^2+\pi R_1R_2)$$

$$V=\frac{1}{3}\pi H(R_1^2+R_2^2+R_1R_2)$$

式中　R_1——下口半径；

　　　R_2——上口半径；

H——基坑开挖深度。

【例 4.1】如图 4.14—图 4.16 所示，假设室外地坪以下埋入的体积为 80 m^3，土壤类别为二类土，人工开挖，请计算各项土石方工程量（假设墙厚 240 mm，垫层厚 100 mm）。

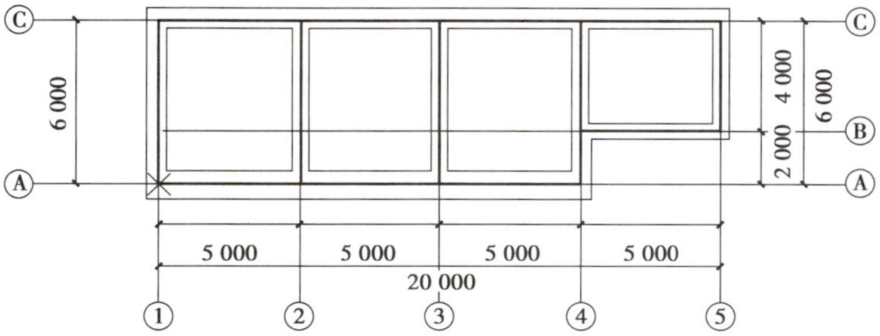

图 4.14　基础平面图

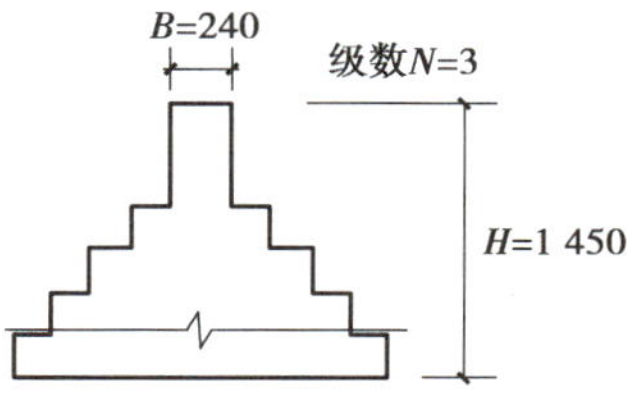

图 4.15　基础剖面图

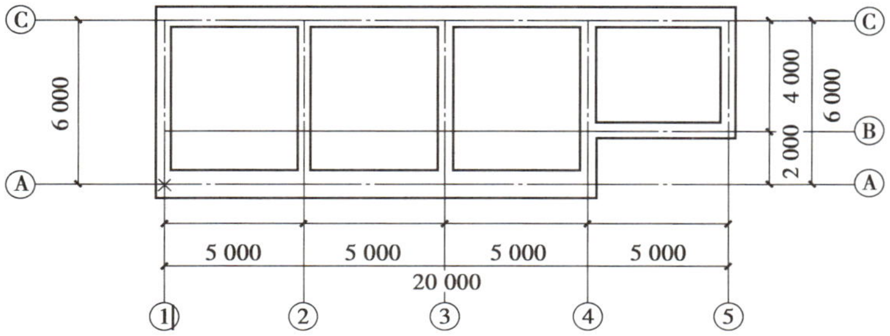

图 4.16　墙体平面图

解：平整场地：$S=(5+5+5+0.24)\times(6+0.24)+5\times(4+0.24)=116.30(m^2)$

挖基础土方：挖土深度 $H=1.45$ m，查定额，需放坡，$K=0.5$，基础垫层支模板所需工作面为 300 mm。两边放坡且有工作面沟槽工程量为

$$V=(a+KH+2c)\times H\times L$$

$$外墙中心线长=5+5+5+2+5+4+5+5+5+5+6=52(m)$$

$$内墙净长线长=(6-0.7\times2)\times2+(4-0.7\times2)=11.8(m)$$

$$V_{外}=(1.4+1.45\times0.5+0.3\times2)\times1.45\times52=205.645(m^3)$$

$$V_{内}=(1.4+1.45\times0.5+0.3\times2)\times1.45\times11.8=46.625(m^3)$$

$$V=V_{外}+V_{内}=205.645+46.625=252.09(m^3)$$

3）普通挖土方

其工程量按所挖形状以"m^3"计算。

4）人工挖孔桩

其工程量按图示桩断面面积乘以设计桩孔中心线深度计算。

5）挖土方工程量计算注意事项

①不同放坡角度的工程量要分开计算。

②放坡与支护的工程量要分开计算。

③不同土质要分开计算。

6) 土方回填

(1) 回填类型

土石回填类型如图 4.17 所示。

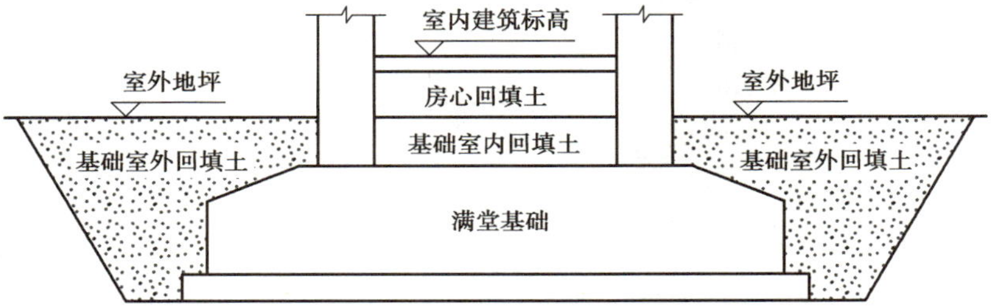

图 4.17　土石回填示意图

①室外回填：回填至室外地坪标高。

②室内回填（房心回填）：从室外地坪标高回填至室内地坪标高。

③土方转运：将用不完的土转移出施工现场（余土外运）或从其他地方取土回填（取土回填）。

工程量表示：回填土体积（m^3）、土方转运体积（m^3）。

场地回填＝回填面积×平均回填厚度

室内回填＝主墙间净面积×回填厚度

(2) 工程量计算规则

①基槽、基坑回填土体积等于挖方体积减去设计室外地坪以下埋设砌筑物（包括基础垫层、暖沟等）的体积。交付施工场地标高高于室外地坪，基础回填工程量为室外地坪以下挖方体积－埋设基础体积（包括垫层及其他构筑物）；交付施工场地标高低于室外地坪，基础回填工程量按高差填方体积、挖方体积之和减去埋设基础体积计算。

②管道沟槽回填土体积等于挖方体积减去管道所占体积。管径在 500 mm 以下的不扣除其所占体积，管径超过 500 mm 时按规定计算。

③房心回填土按实际填土净面积乘以回填土厚度以“m^3”计算，并执行素土垫层定额子目。

④余土或取土工程量按下式计算：

余土（取土）体积＝挖土总体积－回填土总体积

计算结果如果为正值，则为余土外运体积；结果为负值，则表明挖方工程量小于回填土的量，需要取土回填。

(3) 土方回填工程量计算注意事项

回填土区分松填、夯填（即需根据实际情况选用不同的定额），未作特殊说明时，即为松填。

【例 4.2】某办公楼基础平面图、剖面图如图 4.18 所示，土壤类别为二类，施工采用人工挖地槽。经计算，设计室外地坪以下埋设的砌筑物的工程量为 90.87m^3，求该项目挖地槽、基础回填土、外运土方的工程量。

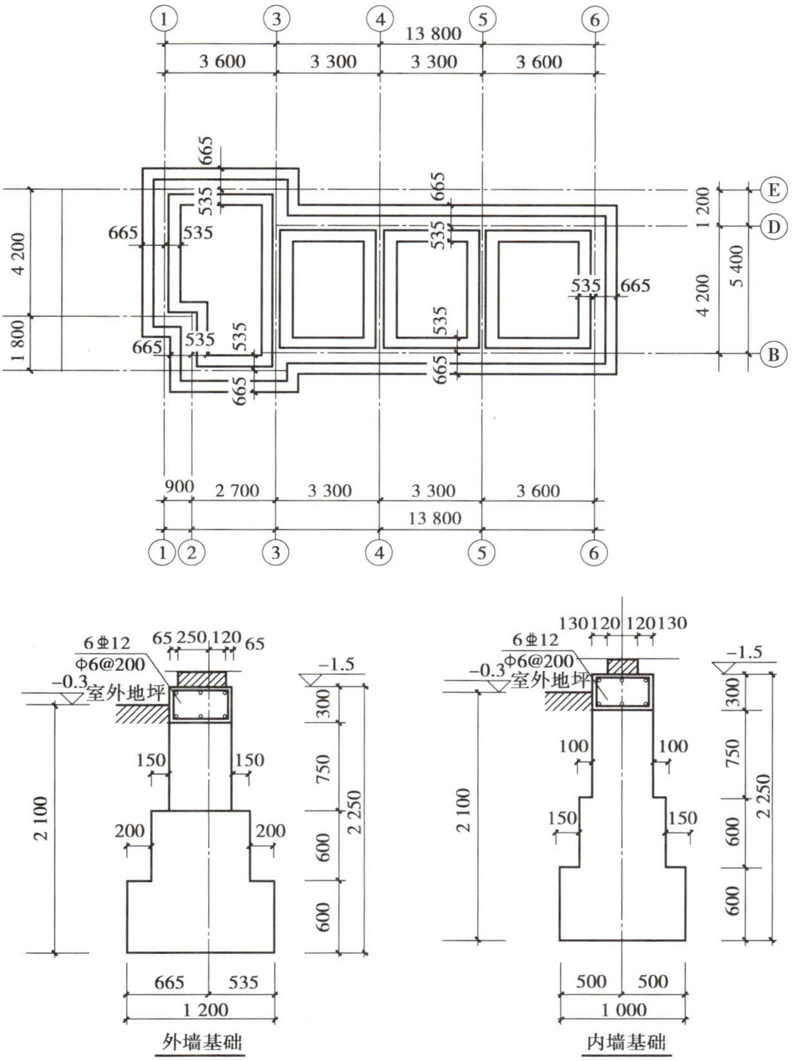

图 4.18　某办公楼基础平面图、剖面图

解：

1. 人工挖地槽工程量

根据题意及有关数据，放坡系数 $K=0.5$，工作面 $2c=0.3(\text{m})$，基槽深 $H=2.4-0.3=2.1(\text{m})$。

外墙基槽下底宽 $B_1=1.2+0.3=1.5(\text{m})$

外墙基槽上底宽 $B_2=B_1+2KH=1.5+2\times0.5\times2.1=3.6(\text{m})$

外墙基槽断面积 $A=[(B_1+B_2)\times H]\div2=[(1.5+3.6)\times2.1]\div2=5.355(\text{m}^2)$

外墙计算长度为外墙中心线 $L_{中}=[(13.8+0.13)+(6+0.13)]\times2=40.12(\text{m})$

外墙挖地槽工程量 $V_{外}=L_{中}\times A=40.12\times5.355=214.84(\text{m}^3)$

内墙基槽下底宽 $B_1=1.0+0.3=1.3(\text{m})$

内墙基槽上底宽 $B_2=B_1+2KH=1.3+2\times0.5\times2.1=3.4(\text{m})$

内墙基槽断面积 $A=[(B_1+B_2)\times H]\div 2=[(1.3+3.4)\times 2.1]\div 2=4.935(\mathrm{m}^2)$

内墙计算长度为外墙基础底面之间的净长线 $L_{净}=[4.2-0.535\times 2]\times 3=9.39(\mathrm{m})$

内墙挖地槽工程量 $V_{内}=L_{净}\times A=9.39\times 4.935=46.34(\mathrm{m}^3)$

该项目挖地槽工程量 $=V_{外}+V_{内}=214.84+46.34=261.18(\mathrm{m}^3)$

2. 基础回填土工程量

基础回填土工程量 = 挖地槽工程量 − 室外地坪以下埋设砌筑物工程量 $=261.18-90.87=170.31(\mathrm{m}^3)$

3. 外运土方的工程量

外运土方的工程量 = 设计室外地坪以下埋设砌筑物工程量 $=90.87\ \mathrm{m}^3$

任务 3　桩基工程

4.3.1　桩基工程概述

1) 常见桩的类型

①按桩身材料分类主要有混凝土桩及钢桩,也有木桩和组合材料桩。

②按承载性状可分为摩擦型桩和端承型桩,如图 4.19 所示。

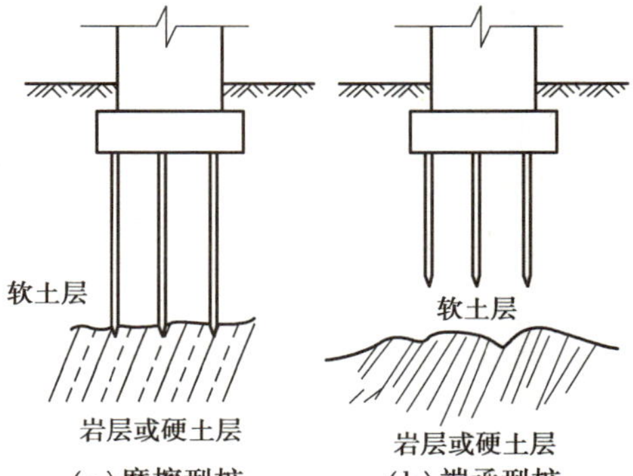

(a) 摩擦型桩　(b) 端承型桩

图 4.19　常见桩的类型

③按施工方法可分为灌注桩和预制桩,具体见表 4.14。

表 4.14　桩的类型表

灌注桩	干作业成孔	人工挖孔
		螺旋钻钻孔
		洛阳铲成孔
		爆扩桩
	泥浆护壁成孔	回转钻机成孔
		潜水钻机成孔

续表

灌注桩	套管成孔	锤击成孔
		振动锤成孔
预制桩	木桩 混凝土桩 钢桩	锤击沉桩
		静力压桩
		振动沉桩
		水冲沉桩

一般多层建筑物当地基较好时多采用天然浅基础,它造价低、施工简便。如果天然浅土层较弱,可采用机械压实、强夯、堆载预压、深层搅拌、化学加固等方法进行人工加固,形成人工地基。如深部土层软弱,或建(构)筑物的上部荷载较大,而且是对沉降有严格要求的高层建筑、地下建筑以及桥梁基础等,则需采用深基础。

2)桩基础构造与特点

①构造:由基桩和连接于桩顶的承台共同组成。若桩身全部埋于土中,承台底面与土体接触,称为低承台桩基;若桩身上部露出地面而承台底位于地面以上,称为高承台桩基。建筑桩基通常为低承台桩基础;而在桥梁、码头工程中常采用高承台桩基础。

②特点:承载力高、沉降量小而均匀,能承受竖向力、水平力、上拔力、振动力等,施工速度快、质量好。

4.3.2　工程量计算规则

1)预制桩

①打桩:按设计桩长乘以桩截面面积计算(不扣除桩尖虚体积,即将桩按照立方体或圆柱体来计算)。

②送桩(当桩顶面标高低于打桩架底标高时需要计算):按桩截面乘以送桩长度计算。送桩长度为打桩架底至桩顶面高度或自桩顶面至自然地坪另加50 cm。

③接桩(当单个桩孔中存在1根以上的预制桩时需要计算)和截桩(当桩孔中存在1根以上的预制桩且深度不为单根预制桩长的整数倍时需要计算):按工作次数或工作面积计算。

2)振动及钻孔灌注桩

按设计桩长(不扣除桩尖虚体积)乘以设计断面面积计算实际体积,即若桩并非基本立体几何图形,则需要将其拆分为基本立体几何图形,计算出每个基本立体几何图形的体积并相加。

3)爆扩桩

按图示尺寸以“m^3”计算。图示尺寸中的桩长指扩大端的中心至承台梁(板)底的深度。

4)喷粉桩、振冲碎石桩

按设计桩长乘以设计断面面积计算。其中,振冲碎石桩除计算桩基础工程量之外,还需计算填料调整量。填料调整量=实际桩口填料体积−1.35×设计振冲碎石桩体积(碎石容重取定为 1.48 t/m³)。

4.3.3 工程量计算注意事项

①预制桩中打桩的工程量是必定存在的,而送桩、接桩、截桩则需根据实际情况决定是否要计算工程量。

②计算规则中的设计桩长,若设计文件中未特殊注明,则以桩孔深度来设计桩长。

③计算规则为单个桩孔的桩基础工程量,在计算时若存在多个桩孔,则需要在单个桩孔工程量上乘以桩孔数量。

【例 4.3】某工程设计室外地坪−0.6 m,螺旋钻孔灌注混凝土桩,混凝土 C20,共 238 根(已包括补桩 29 根,试桩 6 根),土壤级别为二级。按图 4.20 所示模板配筋图计算钻孔灌注混凝土桩的工程量(不包括钢筋、模板的费用)。

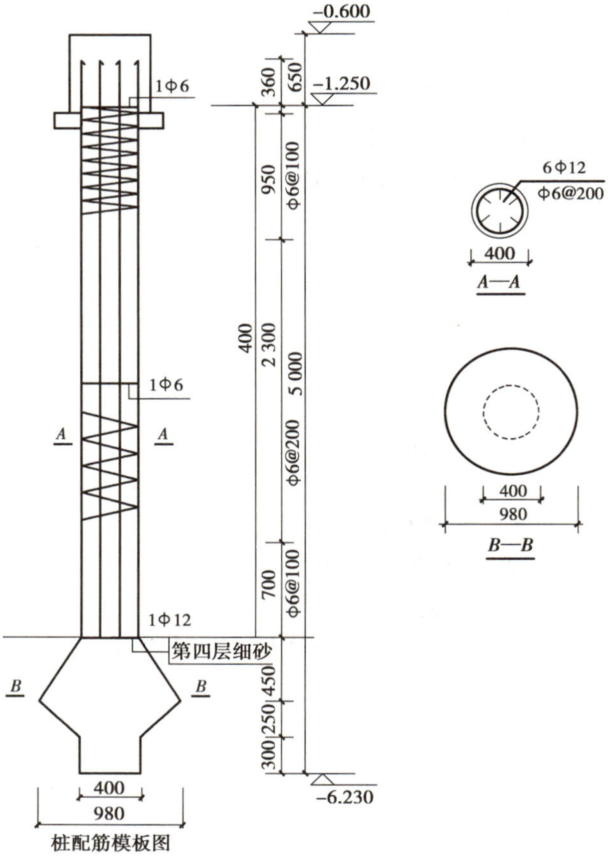

图 4.20　模板配筋图

解:按计算规则,钻孔灌注桩工程量按设计桩长(不扣除桩尖虚体积)乘以设计断面面积计算实际体积。

即　　　　混凝土灌注桩工程量 V=(圆柱体+圆台体+倒圆台体)×根数

圆柱体积 $V_1=\pi R^2h=\pi\times\left(\frac{0.4}{2}\right)^2\times(0.65+4+0.3)=0.622(m^3)$

圆台体积 $V_2=\frac{1}{3}\pi h=(R^2+r^2+Rr)$

$=\frac{1}{3}\times\pi\times0.45\times(0.49^2+0.20^2+0.49\times0.20)=0.178(m^3)$

倒圆台体积 $V_3=\frac{1}{3}\times\pi\times0.25\times(0.49^2+0.20^2+0.49\times0.20)=0.099(m^3)$

C20 混凝土灌注桩工程量 $=(V_1+V_2+V_3)\times238$

$=(0.622+0.178+0.099)\times238=182.5(m^3)$

【例 4.4】某建筑物基础打预制钢筋混凝土管桩 135 根，桩身截面尺寸为 250 mm×250 mm，单桩设计全长（包括桩尖）为 9.5 m，如图 4.21 所示。试计算：①打桩的工程量；②将桩送至地下 0.6 m，求送桩工程量。

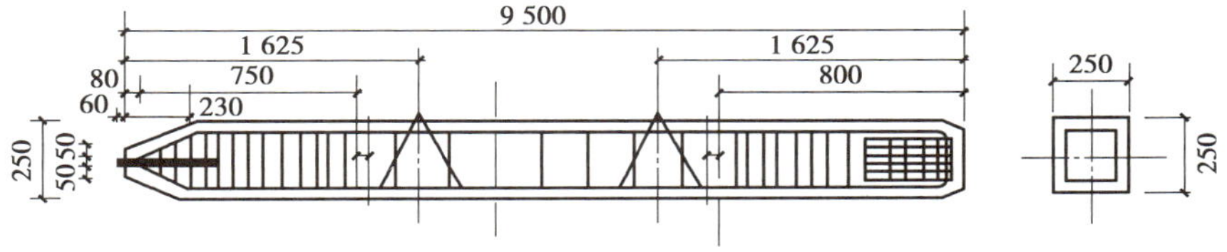

图 4.21　预制钢筋混凝土管桩尺寸图

解：打桩的工程量 $V=0.25\times0.25\times9.5\times135=80.16(m^3)$

送桩工程量：

送桩长度 = 打桩架底至桩顶面的高度 = 桩顶面至自然地坪面 +0.5 = 0.6+0.5 = 1.1(m)

送桩工程量 $V=0.25\times0.25\times1.10\times135=9.28(m^3)$

任务 4　砌筑工程

4.4.1　砌筑工程计算内容

有关规定要点：

①砌墙不分清、混水墙及艺术形式复杂程度，砖平碹、砖过梁、砖圈梁、腰线、砖垛、砖挑檐、附墙烟囱等因素，均已综合考虑在定额内，不另列项目计算。阳台砖隔断按相应内墙定额执行。

②砌块墙、多孔砖墙、窗台虎头砖、腰线、门窗洞边接茬用标准砖已包括在定额内。

③砌砖、砌块定额中已包括门、窗框与砌体的原浆勾缝在内，砌筑砂浆强度等级按设计应分别计算。

④砖砌体内钢筋加固及墙角、内外墙搭接钢筋应以“t”另行计算，套用混凝土及钢筋混凝土工程中的“砌体、板缝内加固钢筋”定额执行。

⑤“小型砌体”是指砖砌大小便槽、隔热板砖墩、地板墩、门墩、房上烟囱、水槽、水池脚、垃圾箱、台阶面上矮墙、花台、煤箱、容积小于 3 m^3 水池等、阳台栏板等砌体，均按体积以“m^3”计算。

⑥墙体砖数及厚度按表 4.15 规定。

表 4.15　标准砖墙体厚度表

墙体砖数/砖	1/4	1/2	3/4	1	3/2	2	5/2	3
厚度/mm	53	115	180	240	365	490	615	740

⑦墙基与墙身的划分。

a. 墙基与墙身同一材料时，以设计室内地坪（或地下室地坪）为界，以上为墙身，以下为基础。

b. 墙基与墙身不同材料，位于设计室内地坪±300 mm 以内时，以不同材料为分界线；位于室内地坪±300 mm 以外时，以设计室内地坪为分界线。

c. 石墙：外墙以设计室外地坪为界，内墙以设计室内地坪为界线，以上为墙身，以下为基础。

d. 砖、石围墙：以设计室外地坪为分界线，以上为墙身，以下为基础。

4.4.2　砌筑工程相关知识

1）基础与地上部分的划分

①基础与墙身使用同一种材料时，应以设计室内地坪为界，以上为墙身，以下为基础。有地下室的，以地下室室内地坪为界，以上为墙身，以下为基础。

②基础与墙身采用不同材料，位于设计室内地坪±300 mm 以内时，以不同材料为界。超过±300 mm 时，应以设计室内地坪为界。基础与墙身之间有地梁分隔时，以地梁为界。

③砖围墙（无顶盖构造）以设计室外地坪为界，以下为基础，以上为墙身。

2）砖墙厚度的规定

砖墙的厚度以我国标准黏土砖的长度为单位，现行黏土砖的规格是 240 mm×115 mm×53 mm（长×宽×厚）。连同灰缝厚度 10 mm 在内，砖的规格形成长：宽：厚＝4：2：1 的关系。同时在 1 m^3 砌体中有 4 个砖长、8 个砖宽、16 个砖厚，这样在 1 m^3 砌体中的用砖量为 4×8×16＝512（块），用砂浆量为 0.026 m^3。墙体厚度用砖长作为确定依据，常用的有以下几种：

1/2 砖墙：图纸标注为 120 mm，实际厚度为 115 mm；

1 砖墙：图纸标注为 240 mm，实际厚度为 240 mm；

3/2 墙：图纸标注为 370 mm，实际厚度为 365 mm；

2 砖墙：图纸标注为 490 mm，实际厚度为 490 mm；

3/4 砖墙：图纸标注为 180 mm，实际厚度为 180 mm。

其他墙体，如钢筋混凝土板墙、加气混凝土墙体等均应符合模数的规定。钢筋混凝土板墙用作承重墙时，其厚度为 160 mm 或 180 mm；用作隔断墙时，其厚度为 50 mm。加气混凝土墙体用于外围护墙时，常用 200～250 mm 厚；用于隔断墙时，常取 100～150 mm 厚。

4.4.3 砌筑工程计算规则

1)基础

砖基础的工程量以体积计算,包括附墙垛基础宽出部分的体积。扣除地梁(圈梁)、构造柱及单个面积 0.3 m^2 以外孔洞所占的体积,不扣除基础大放脚 T 形接头处的重叠部分及嵌入基础内的钢筋、铁件、管道、基础砂浆防潮层和单个面积 0.3 m^2 以内的孔洞所占体积,靠墙暖气沟的挑檐不增加。

砖基础体积计算公式为:

砖基础体积=砖基础长度×基础截面面积

其中,基础截面面积=砖墙厚度×(基础高度+基础放脚折加高度)。基础放脚折加高度见表 4.16。基础高度为砖基础与地上部分的分界线到基础垫层上表面的距离。

表 4.16 基础放脚折加高度表

放脚层数	折加高度 /m								增加断面面积/m^2	
	1/2 砖		1 砖		3/2 砖		2 砖			
	等高	不等高	等高	不等高	等高	不等高	等高	不等高	等高	不等高
1	0.13	0.13	0.06	0.06	0.04	0.04	0.03	0.03	0.015 7	0.015 7
2	0.41	0.34	0.19	0.16	0.12	0.10	0.09	0.08	0.047 2	0.039 3
3			0.39	0.32	0.25	0.21	0.19	0.16	0.094 5	0.078 7
4			0.65	0.52	0.43	0.34	0.32	0.25	0.157 5	0.126 0
5			0.98	0.78	0.64	0.51	0.48	0.38	0.236 3	0.189 0
6			1.37	1.08	0.90	0.71	0.67	0.58	0.330 8	0.259 9
7			1.83	1.44	1.20	0.94	0.90	0.70	0.441	0.346 5
8			2.36	1.83	1.55	1.20	1.15	0.90	0.567	0.441 1

大放脚是指条形基础截面左右伸出墙体的台阶状部分,如图 4.22 所示。其中,所有台阶高度相同的称为等高大放脚,不相同的称为不等高大放脚。

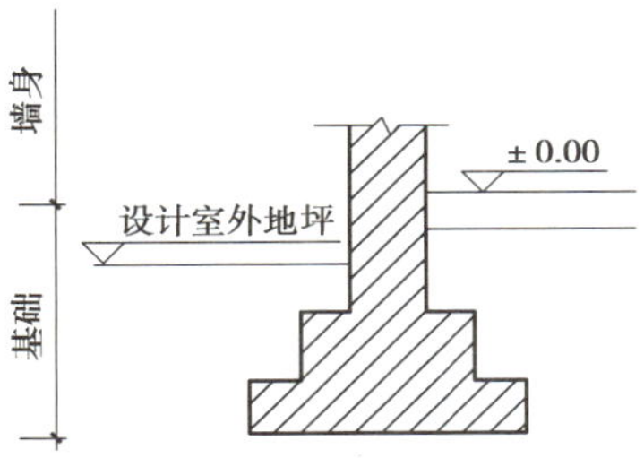

(a)等高式大放脚示意图

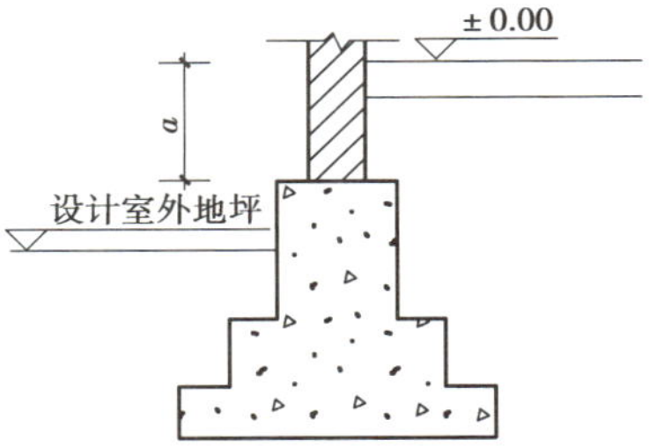

(b)不等高式大放脚示意图

图 4.22 条形基础截面左右伸出墙的台阶状部分示意图

2)墙

砖墙、空心砖墙、石墙砌筑的工程量按设计图示尺寸以体积计算,即

墙体工程量=墙计算长度×墙体高度×墙体厚度−规则规定应扣除部分体积+规则规定应增加体积

(1)墙体长度

外墙按中心线,内墙按净长线,框架间的隔断墙按框架间的净距离计算。

突出墙面的砖垛并入墙体体积内计算。

(2)墙体高度

①外墙(图4.23中"H")。

a.斜(坡)屋面无檐口天棚者[图4.23(a)]算至屋面板底。

b.有屋架且室内外均有天棚者[图4.23(b)]算至屋架下弦底另加200 mm;无天棚者算至屋架下弦底另加300 mm。

c.出檐宽度超过600 mm时[图4.23(c)],按实砌高度计算。平屋面算至钢筋混凝土板底。

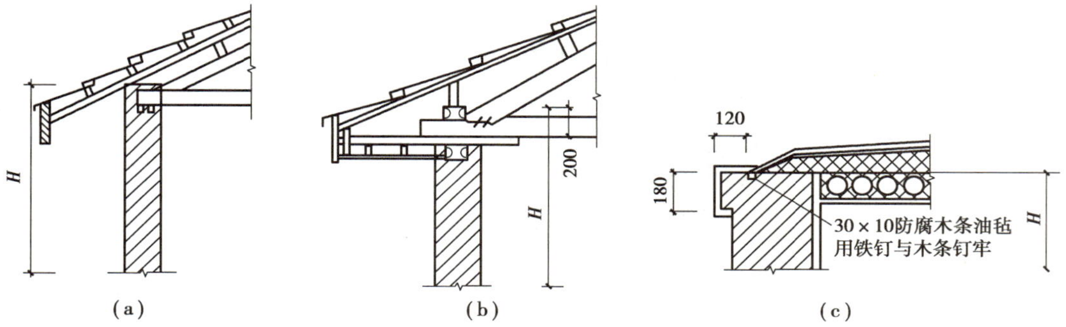

图4.23　外墙高度计算示意图

②内墙(图4.24中"H")。

a.位于屋架下弦者[图4.24(a)],算至屋架下弦。无屋架者算至天棚底另加100 mm。

b.有钢筋混凝土楼板隔层者[图4.24(b)]算至楼板顶。有框架梁时算至梁底。

③女儿墙的高度,从屋面板上表面算至女儿墙顶面(如有混凝土压顶者算至压顶下表面)。

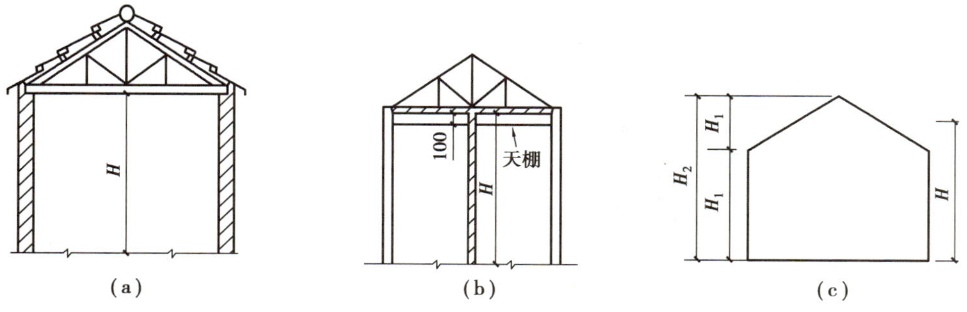

图4.24　内墙高度计算示意图

④内外山墙[图 4.24(c)]的高度,按其平均高度计算。

⑤围墙高度算至压顶上表面,如有混凝土压顶时算至压顶下表面。围墙柱的量并入围墙体积内。

3)其他砌砖项目工程量计算规则

①空斗墙,按设计图示尺寸以空斗墙外形体积计算。墙角、内外墙交接处、门窗洞口立边、窗台砖、屋檐处的实砌部分体积并入空斗墙体积内。窗间墙、窗台下、楼板下等实砌部分执行零星砌砖定额。

②空花墙,按设计图示尺寸以空花部分外形体积计算,不扣除空洞部分体积。空花墙未包括基础、压顶、砖垛实砌部分,实砌部分另行计算,执行零星砌砖定额。

③砖柱及零星砌砖,按设计图示尺寸以体积计算。扣除混凝土及钢筋混凝土梁垫、梁头、板头所占的体积。

④砖地沟,墙体砌筑按设计图示尺寸墙基和墙身合并以"m^3"计算,其余地沟构件(垫层、盖板、过梁)按相应章节规定计算。

⑤砖烟囱工程量计算:

a. 砖烟囱按设计室外地坪为界,以下为基础,以上为筒身。

b. 砖烟囱的工程量无论方形、圆形,均以实砌筒身体积计算。扣除各种孔洞、过梁及圈梁所占体积,防沉带及连接横砖已经包括在定额内,不另增加。其中,筒身体积可以按下述公式分段计算:

$$V = \sum (H \times C \times \pi D)$$

式中　V——筒身体积;

H——每段筒身垂直高度;

C——每段筒壁厚度;

D——每段筒壁平均直径。

c. 砖烟囱基础及垫层按图示尺寸以"m^3"计算。

⑥砖砌水塔工程量计算:

a. 水塔基础与塔身的划分应以砖砌体的扩大部分顶面为界,以上为塔身,以下为基础。

b. 砖砌塔身不分厚度、直径,以实砌体积计算。扣除门窗洞口和混凝土构件所占体积。

4)应扣除及并入的体积

扣除门窗洞口、过人洞、空圈、嵌入墙内的钢筋混凝土柱、梁、圈梁、挑梁、过梁及凹进墙内的壁龛、管槽、暖气槽、消火栓箱等所占的体积。

不扣除梁头、板头、檩头、垫木、木楞头、沿缘木、木砖、门窗走头、砖墙内加固钢筋、木筋、铁件、钢管及单个面积 0.3 m^2 以内的孔洞所占的体积。突出墙面的腰线、挑檐、压顶、窗台线、虎头砖、门窗套的体积不增加。

任务5　混凝土工程

4.5.1　现浇混凝土工程量的计算

1)通用计算规则

①混凝土及钢筋混凝土构件中的混凝土工程量,除注明者外,均按图示尺寸(即按照设计文件中标明的数据,直接带入计算公式计算,无须对数据进行处理以及查阅额外文献资料)以体积计算,不扣除钢筋、铁件所占体积。

②现浇混凝土及钢筋混凝土墙、板等构件,均不扣除面积在0.3 m^2以内的孔洞、缺口所占体积,其预留孔工料不增加。面积超过0.3 m^2的孔洞、缺口所占的体积应扣除。

2)各现浇构件计算规则

(1)条形基础

按图示尺寸以基础截面面积乘以基础沿墙长度方向的体积计算。

基础与柱或墙的分界线以基础的扩大顶面为界,以下为基础,以上为柱或墙。

①带形基础:带形基础从基础结构而言,凡墙下的长条形基础,或柱和柱间距离较近而连接起来的条形基础,都称为带形基础。

$$V=\text{基础断面积}\times\text{基础长度}$$

基础长度:外墙基础按外墙中心线,内墙基础按内墙净长线。有肋(梁)带形混凝土基础,其肋高与肋宽之比在4∶1以内的按有梁式带形基础计算;超过4∶1时,其肋部分按墙计算,肋以下按无梁式带形基础计算。

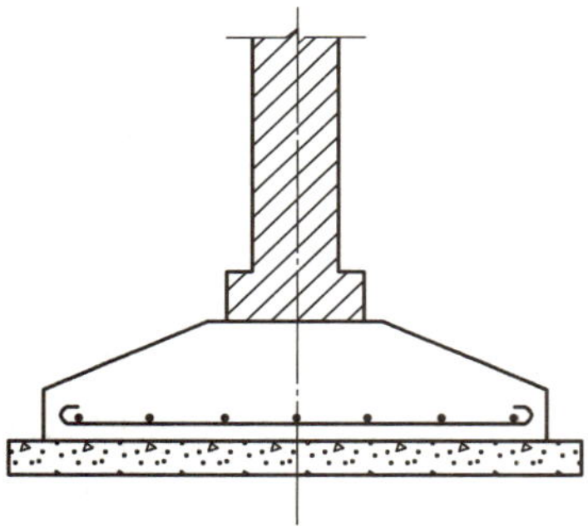

图4.25　墙下钢筋混凝土条形基础示意图

②墙下钢筋混凝土条形基础(图4.25)。

a.无梁式(板式)带形基础(图4.26):

$$V=\left(Bh_1+\frac{B+b}{2}h_2\right)\times L_{中}\text{ 或 }L_{内}$$

基础长度:外墙按$L_{中}$,内墙按$L_{内}$。

b.有梁式(带肋)带形基础($h_3\leqslant 4b$)(图4.27):

$$V=\left(Bh_1+\frac{B+b}{2}h_2+bh_3\right)\times L_{中}\text{ 或 }L_{内}$$

基础长度:外墙按$L_{中}$,内墙按$L_{内}$。

(2)独立基础

独立基础包括各种形式的独立基础及柱墩,其工程量按图示尺寸以"m^3"计算。柱与柱基的划分以柱基的扩大顶面为分界线,应分别按毛石混凝土和混凝土独立基础,以图示尺寸的体积(图4.28、图4.29)计算。其高度从垫层上表面算至柱基上表面(在所有的混凝土基础中,基础与地上构件的分界线均为构件形状之间的分界线,即"长相不同,就不是同一个构件")。

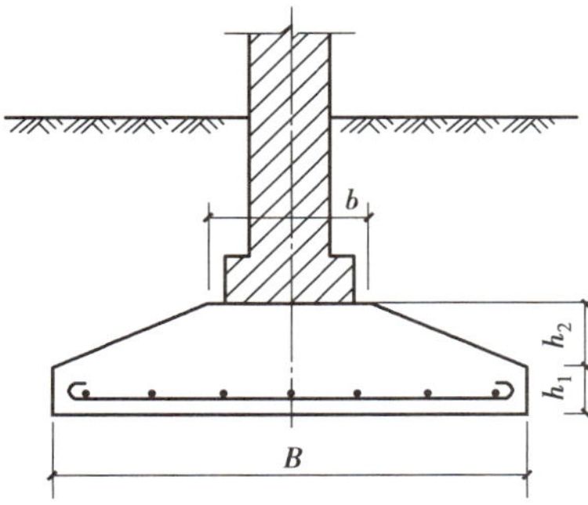

图 4.26　无梁式(板式)带形基础示意图

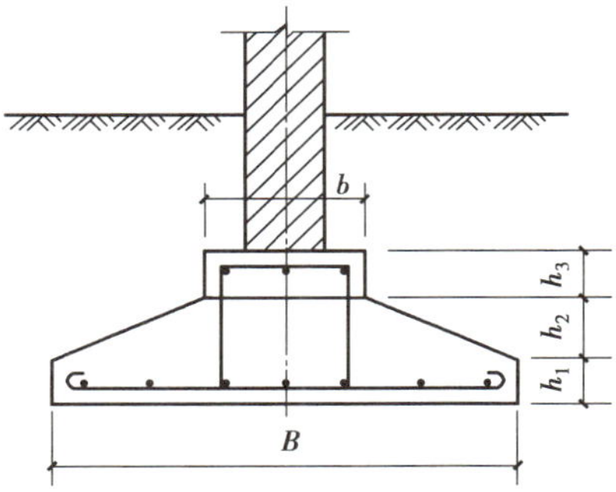

图 4.27　有梁式(带肋)带形基础示意图

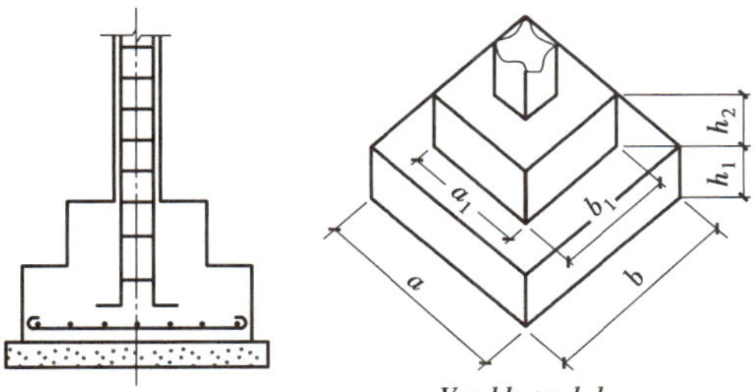

$V=abh_1+a_1b_1h_2$

图 4.28　阶形柱下钢筋混凝土独立基础示意图

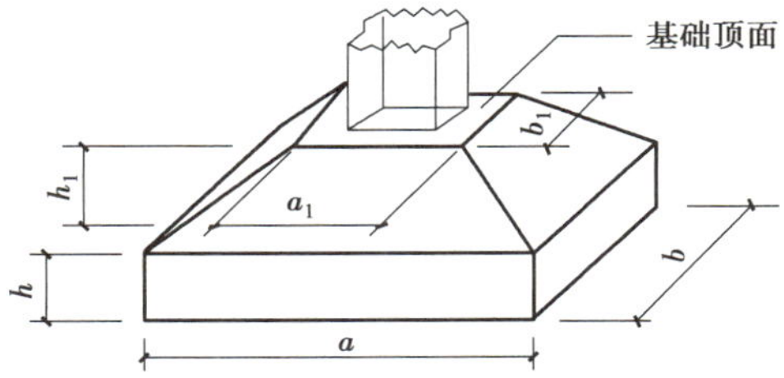

$$V=abh+\frac{h_1}{6}[ab+(a+a_1)(b+b_1)+a_1b_1]$$

图 4.29　锥形独立基础示意图

计算公式：

阶形独立基础体积＝基础中各台阶的体积之和＝$a_1b_1h_1+a_2b_2h_2+a_3b_3h_3+\cdots$

注：a 为独立基础各台阶的平面长度。

锥形独立基础体积＝基础中立方体和棱台体的体积之和

(3)杯形基础

杯形基础的形式如图 4.30 所示，其工程量按图示几何体的体积计算，扣除杯口部分所占体积，即：

杯形基础＝棱台 1 的体积＋棱台 2 的体积＋立方体体积－杯口(也是棱台)的体积

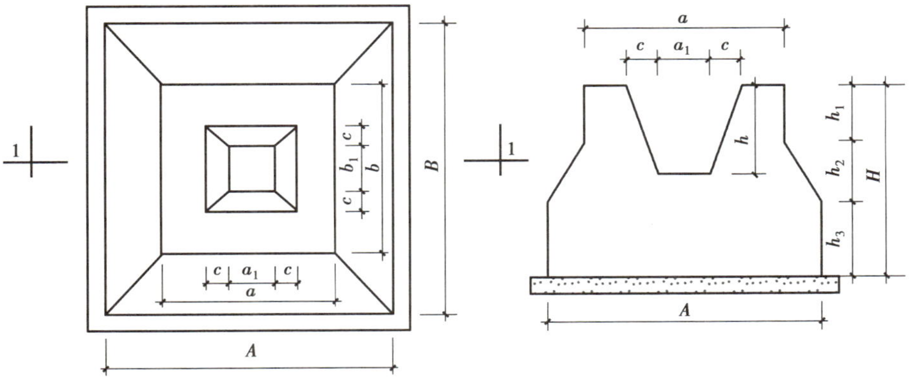

图 4.30　杯形基础示意图

(4)满堂基础

满堂基础主要有板式(无梁式)满堂基础[图 4.31(a)]、梁板式(有梁式)满堂基础[图 4.31(b)]和箱式满堂基础[图 4.31(c)]。3 种满堂基础的区别:有梁式有梁而无柱帽(柱头),无梁式无梁而有柱帽,箱式既无梁也无柱帽。

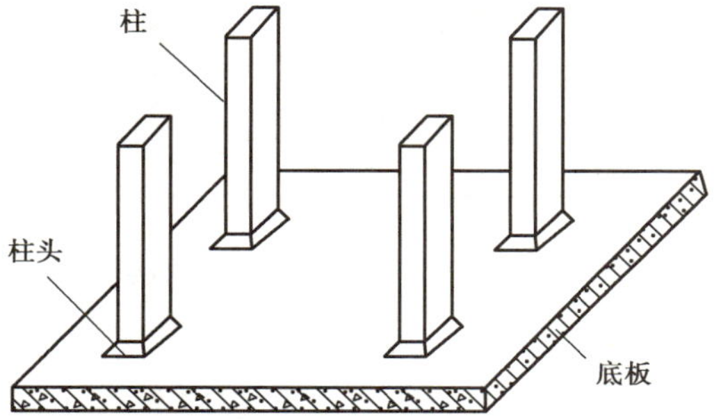

(a)无梁式

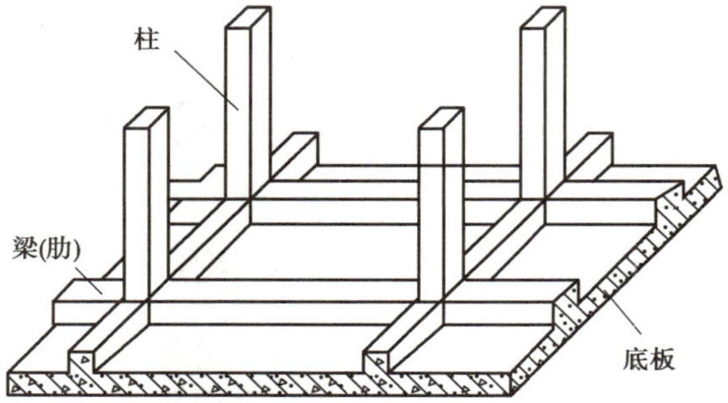

(b)有梁式

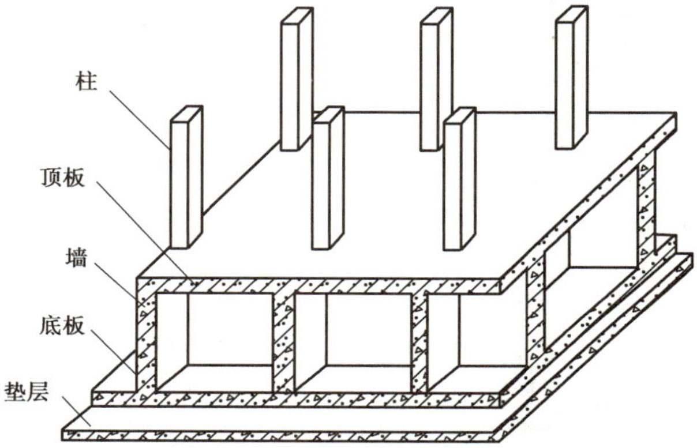

(c)梁板式

图 4.31　满堂基础示意图

满堂基础的计算规则:

①有梁式满堂基础工程量=基础底板面积×板厚+梁截面面积×梁净长。

②无梁式满堂基础工程量=底板面积×板厚+柱帽总体积。

③箱式满堂基础上有盖板、下有底板,中间及外围四壁有纵横墙板,其工程量按图示尺寸将顶板、底板、墙板的体积分别以 m^3 计算。用连系梁将柱下独立基础或者条形基础全部联系起来,下面再整体浇注底板即为满堂基础,也称筏板基础。

$$无梁式满堂基础工程量\ V=底板长\times宽\times板厚+单个柱墩体积\times柱墩个数$$

$$有梁式满堂基础工程量\ V=底板长\times宽\times板厚+\sum(梁断面面积\times梁长)$$

(5)设备基础

设备基础按图示尺寸以"m^3"计算。框架类型设备基础分别按基础、梁、柱、板、墙等有关规定计算,按相应的定额项目计算。楼层上的设备基础,按有梁板计算。

(6)柱

所有的混凝土柱及钢筋混凝土柱的混凝土均以体积计算(体积=柱断面面积乘以柱高)。

其中，柱高按下列规定计算（图 4.32）：

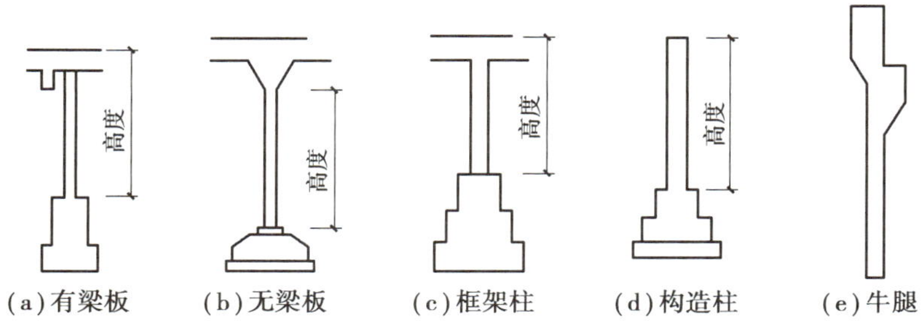

图 4.32　不同类型板、柱示意图

①有梁板的柱，柱高从柱基上表面算至楼板上表面。

②无梁板的柱，柱高从柱基上表面算至柱帽下表面。

③框架柱，有楼隔层者（即柱子不是从基础一直设计到顶层，从构造上看，为柱内纵向钢筋分层布置，并未贯穿整个建筑物）从柱基上表面或上一层楼板上表面算至本层楼板上表面；无楼隔层者（即柱子从基础一直设计到顶层，从构造上看，为柱内纵向钢筋贯穿整个建筑物）从柱基上表面算至柱顶面。

牛腿柱体积，现浇牛腿柱的牛腿与柱体积合并计算，但预制柱上的钢牛腿按预埋铁件计算。

构造柱横截面面积如图 4.33、图 4.34 所示。计算构造柱体积时，与墙体嵌接部分的体积应并入柱身体积内，可按基本截面宽度两边各加 30 mm 计算。计算公式如下：

$$构造柱工程量=柱身体积(V_1)+马牙槎体积+柱伸根体积(V_3)$$

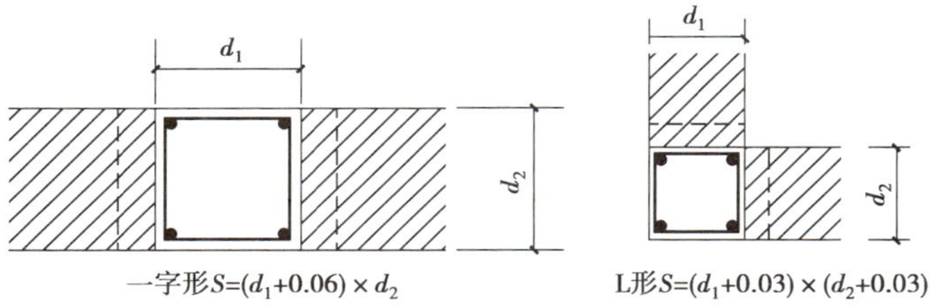

图 4.33　一字形、L 形构造柱横截面图

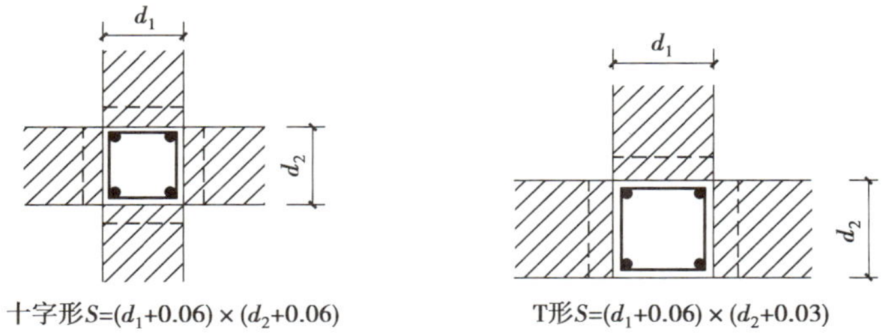

图 4.34　十字形、T 形构造柱横截面图

(7)混凝土及钢筋混凝土梁

混凝土及钢筋混凝土梁的工程量按长度乘以截面面积，以体积计算，不扣除钢筋、铁件所占体积。梁头、梁垫体积并入梁体积内计算（图 4.35）。

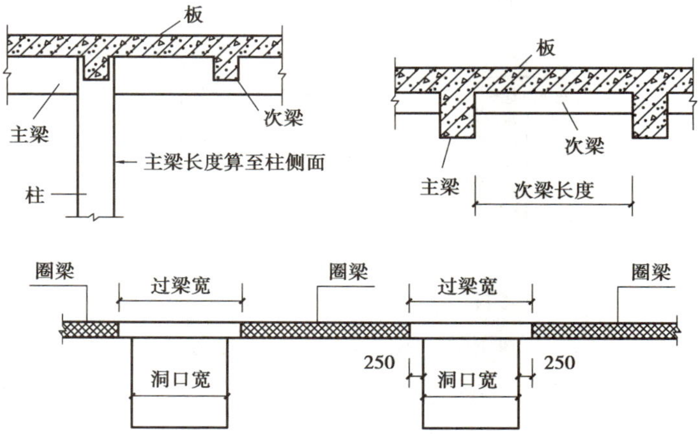

图 4.35　不同类型混凝土梁截面图

其中,梁的长度应按下述规定执行:

①主梁(梁的两端与柱或其他构件节点相连)长算至柱侧面。

②次梁(梁的两端与主梁相连)长算至主梁的侧面(即主次梁的交接点归属于主梁)。

③弧形梁、拱形梁的长度,按梁中心线的弧形长度计算。

④圈梁长以墙长计算,过梁以图示长度计算,圈过梁(圈、过梁布置在同一高度,墙上部分是圈梁,门窗上是过梁但在过梁处通常有加厚)按圈梁考虑。

图 4.36 直观地展示了混凝土梁、板、柱之间的位置关系。

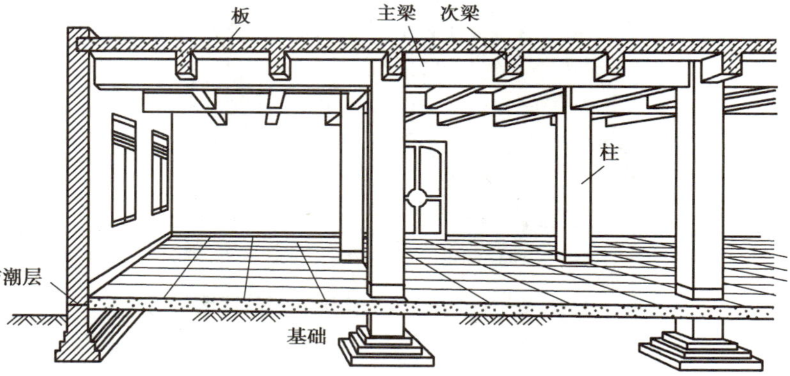

图 4.36　混凝土梁、板、柱之间的位置关系

(8)混凝土及钢筋混凝土板

混凝土板的工程量按体积计算(板图示面积×板厚),不扣除钢筋、铁件以及单个面积在 0.3 m^2 以内的孔洞所占体积。

板按图示面积乘以板厚以“m^3”计算:

$$V=板长\times板宽\times板厚$$

①有梁板指将主梁(次梁)与板现浇成一个整体的结构构件,其工程量按有梁板体积计算,如图 4.37 所示。

②无梁板指不设梁直接用柱帽支撑的板,其工程量按板与柱帽体积之和计算,如图 4.38 所示。

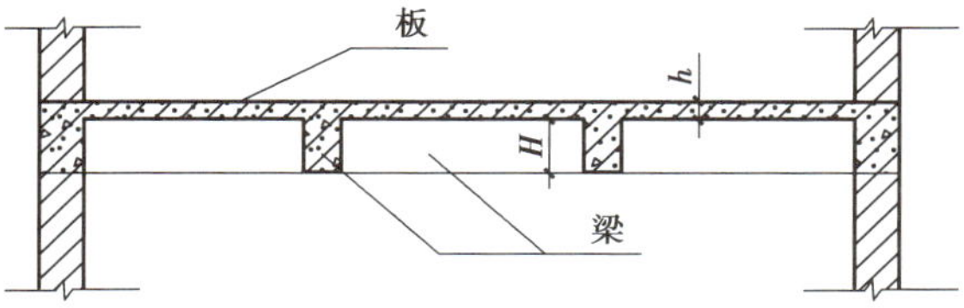

图 4.37　混凝土板示意图

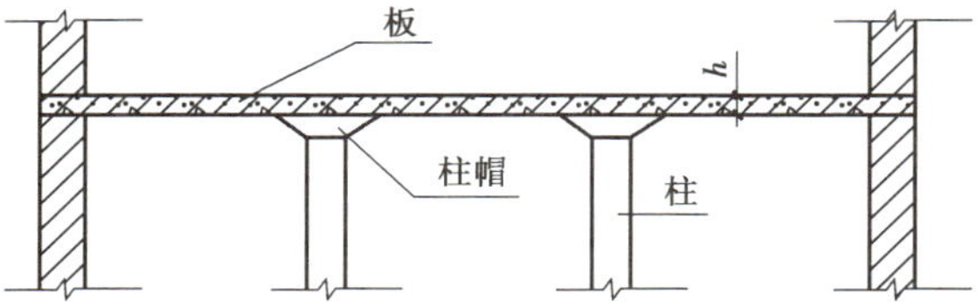

图 4.38　无梁板图

③平板指无柱、梁而直接由墙支撑的板(图 4.39),其工程量按板体积(伸入墙内的板头并入板体积内)计算。

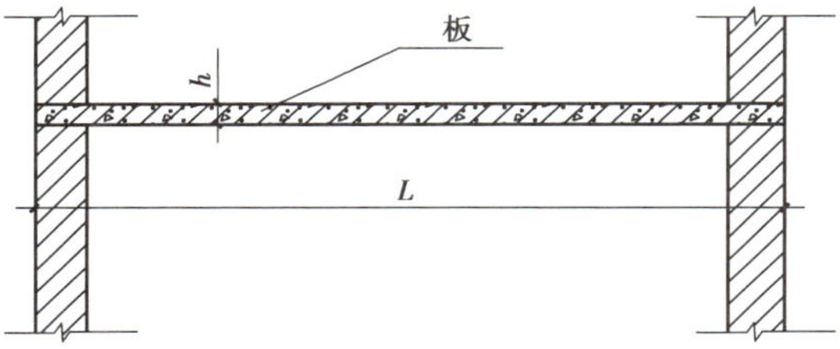

图 4.39　平板图

④现浇挑檐天沟与板(包括屋面板、楼板)连接时,以外墙外边线为分界线;与圈梁(包括其他梁)连接时,以梁外边线为分界线。外墙外边线以外或梁外边线以外为挑檐天沟(图 4.40)。

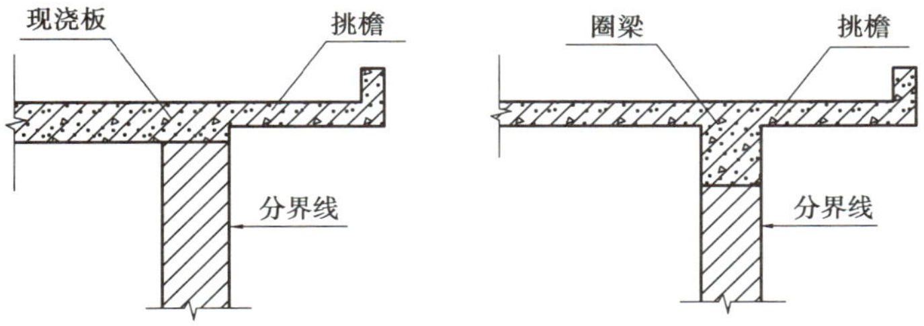

图 4.40　现浇挑檐天沟与板(包括屋面板、楼板)连接图

⑤多种板连接时以墙的中心线为界,伸入墙内的板头并入板体积内计算。

⑥现浇框架梁和现浇板连接在一起时按有梁板计算。

(9)混凝土及钢筋混凝土墙

混凝土及钢筋混凝土墙的工程量按体积计算,即墙的长度乘以墙高及墙厚(外墙的计算长度按外墙中心线,内墙的计算长度按内墙净长线,墙高从墙基上表面或基础梁上表面算至墙顶,有梁的算至梁底,墙厚按图示尺寸计算)。不扣除钢筋、铁件及单个面积在 0.3 m^2 以内的孔洞所占体积。应扣除门窗洞口、空圈以及单个面积在 0.3 m^2 以上的孔洞所占体积。墙垛及突出墙面部分、间壁墙、电梯井壁的暗梁、暗柱(断面尺寸与墙壁厚度相同),其工程量并入墙体体积内计算。

墙、间壁墙、电梯井壁,按图示中心线长度(L)乘以墙高(H)及厚度(h)以"m^3"计算,应扣除门窗洞口及0.3 m^2 以外孔洞的体积,墙垛及突出部分并入墙体体积内计算。

$$V=(LH-S_{洞})\times h+V_{井}$$

①现浇框架结构的剪力墙。

a. 计算方法:按图示尺寸以 m^3 计算,应扣除门窗洞口及0.3 m^2 以外孔洞所占体积。

b. 计算公式:

$$V=墙长\times墙高\times墙厚-0.3\ m^2 以外的门窗洞口面积\times墙厚$$

式中 墙长——外墙按 $L_{中}$,内墙按 $L_{内}$(有柱者均算至柱侧);

墙高——自基础上表面算至墙顶;

墙厚——按图纸规定。

c. 剪力墙带暗柱(柱不突出墙外)时,柱工程量不单独计算,按柱和墙体积和套用墙子目。

d. 剪力墙带明柱(一端或两端突出墙外的柱),柱和墙应分开计算工程量,分别套用相应定额。

②直形墙。凡地下室墙厚在35 cm以内者,称为直形墙。直形墙按相应定额以体积计算其工程量。

③挡土墙和地下室墙。凡地下室墙厚超过35 cm者,称为挡土墙。挡土墙和地下室墙按相应定额以体积计算其工程量。

(10)其他构件

①整体现浇普通楼梯(包括圆形、螺旋形楼梯,休息平台、平台梁、斜梁及与楼板连接的梁)按水平投影面积计算,不扣除宽度在50 cm以内的楼梯井面积,伸入墙内部分不另增加(图4.41)。板式楼梯,踏步底板厚度超过15 cm,圆形、螺旋形楼梯,踏步底板厚度超过20 cm时,每增加1 cm,每10 m^2 投影面积增加混凝土0.11 m^3。

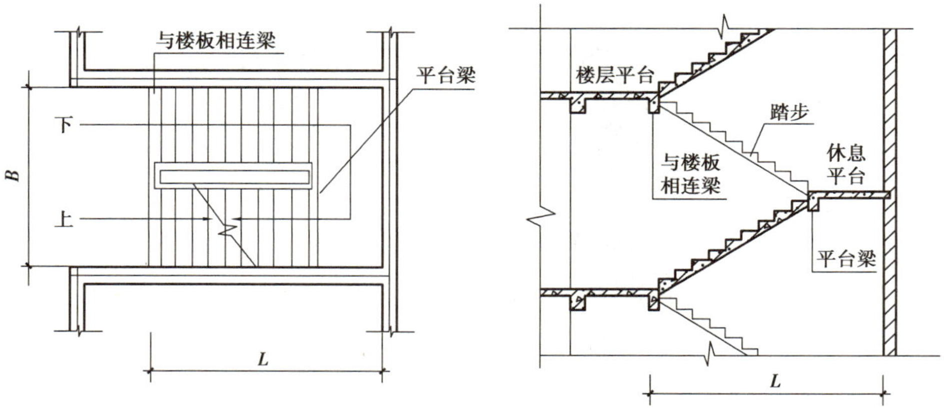

图4.41 整体现浇双跑楼梯平、剖面图

②整体现浇单跑楼梯,休息平台连接走道与楼梯一并计算。

③现浇阳台、雨篷按伸出墙外的体积(包括伸出墙外的牛腿和雨篷反挑檐的体积)计算。

④现浇混凝土台阶按水平投影面积计算(图4.42)。

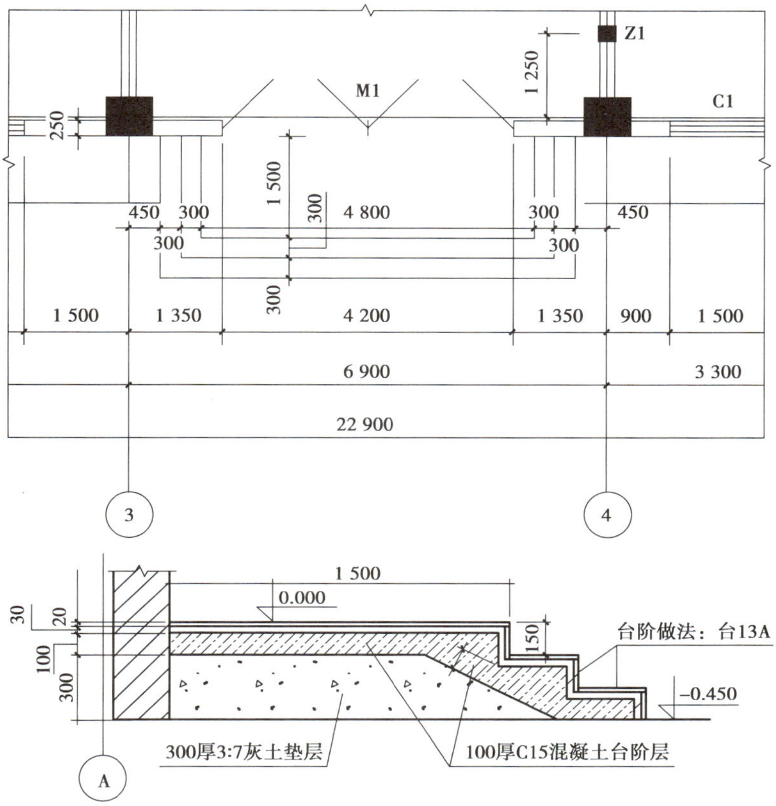

图4.42　现浇混凝土台阶示意图

4.5.2　预制构件混凝土工程量的计算

预制构件工程量分为预制混凝土构件安装与预制混凝土构件制作两个项目。

①预制混凝土构件安装:均按构件的图示尺寸实体积计算,不扣除构件内钢筋、铁件所占体积。

②预制混凝土构件制作:应按图纸计算的实体积(即安装工程量)另加相应在安装项目中规定的损耗量。

【例4.5】如图4.43所示为现浇混凝土有梁板,计算有梁板工程量。

解:主梁工程量=0.3×0.6×(6−0.125×2)×2=2.07(m^3)

次梁工程量=0.25×0.3×(9−0.15×2−0.3×2)=0.608(m^3)

圈梁工程量=9.0×0.25×0.3×2+6.0×0.3×0.3×2=2.43(m^3)

板工程量=(9+0.15×2)×(6+0.125×2)×0.1=5.813(m^3)

有梁板工程量=2.07+0.608+2.43+5.813=10.92(m^3)

【例4.6】如图4.44所示,计算混凝土平板工程量。

解:混凝土平板工程量=2.5×2×0.12=0.6(m^3)

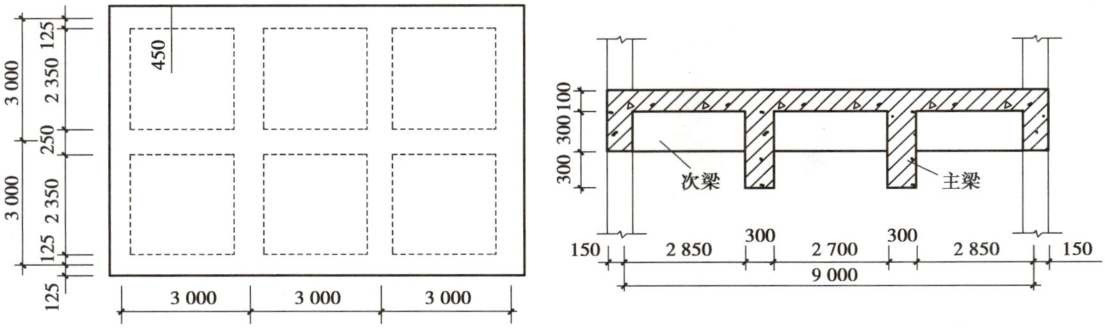

图 4.43　现浇混凝土有梁板图

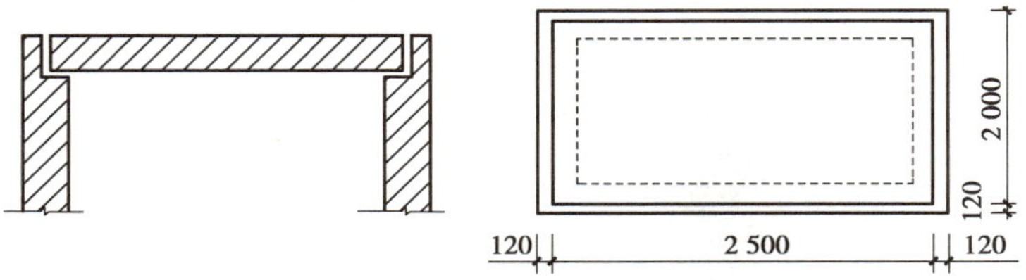

图 4.44　混凝土平板图

本题要点在于板伸入其他构件的板头应并入板内。

【例 4.7】如图 4.45 所示，单层建筑物内外墙均为 240 mm 厚砖墙，轴线均居中，内外墙均设圈梁，断面为 240 mm×200 mm，计算现浇混凝土圈梁工程量。

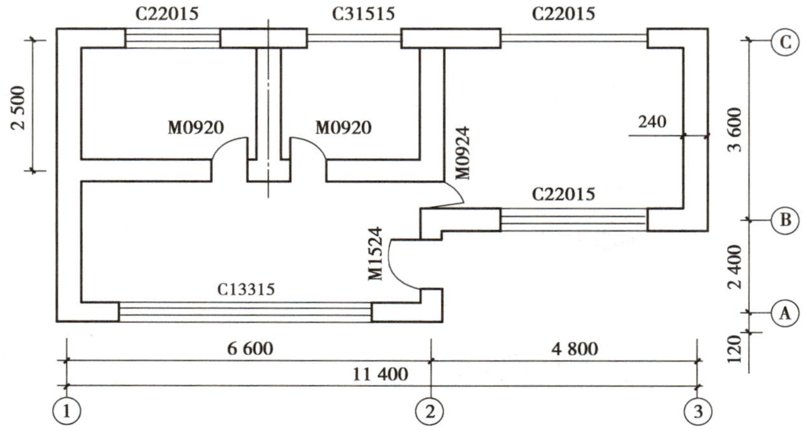

图 4.45　单层建筑物平面图

解：外墙圈梁工程量 = (6.6+2.4+4.8+3.6+11.4+6)×0.24×0.2 = 1.670 4(m^3)

内墙圈梁工程量 = (2.5+2.5+6.6−0.24)×0.24×0.2 = 0.545 28(m^3)

任务 6　钢筋工程

4.6.1　钢筋工程基础知识

1) 钢筋种类

钢筋种类很多,通常按化学成分、生产工艺、轧制外形、供应形式、直径大小,以及在结构中的作用进行分类。

(1) 按在结构中的作用分

配置在钢筋混凝土结构中的钢筋,按其作用可分为下列几种:

①受力筋:承受拉、压应力的钢筋。图 4.46 所示为独立基础钢筋图,图 4.47 所示为框架梁钢筋三维示意图。

②箍筋:承受一部分斜拉应力,并固定受力筋的位置,多用于梁和柱内。常见箍筋类型如图 4.48 所示。

③架立筋:用于支撑及固定构件内钢筋骨架的位置,构成梁内的钢筋骨架。

④分布筋:用于屋面板、楼板内,与板的受力筋垂直布置,将承受的质量均匀地传给受力筋,并固定受力筋的位置,以及抵抗热胀冷缩所引起的温度变形。

⑤其他:因构件构造要求或施工安装需要而配置的构造筋,如腰筋,预埋锚固筋,预应力筋、环等。

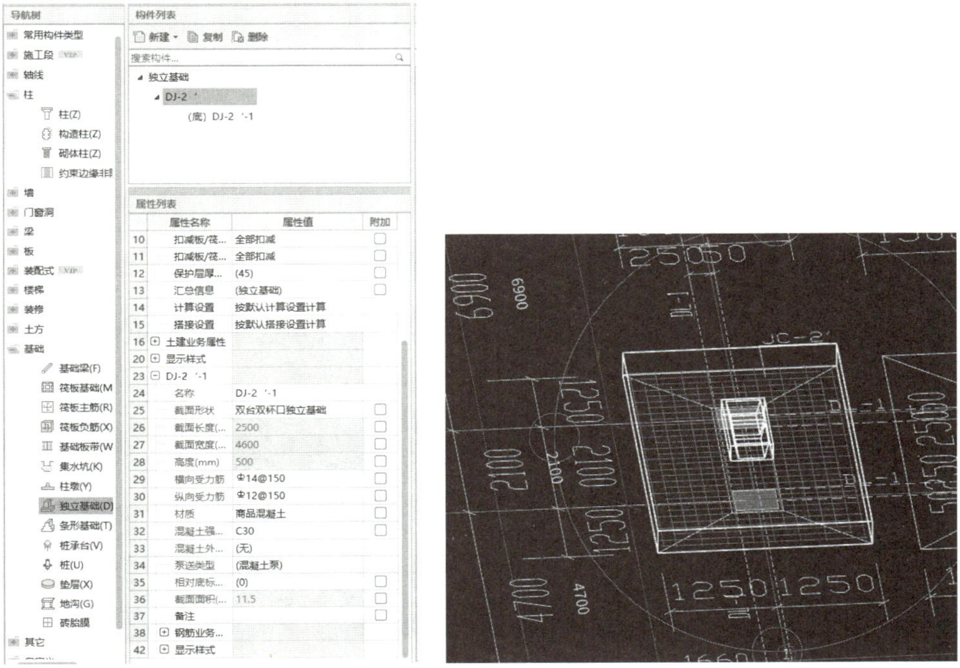

图 4.46　独立基础钢筋示意图

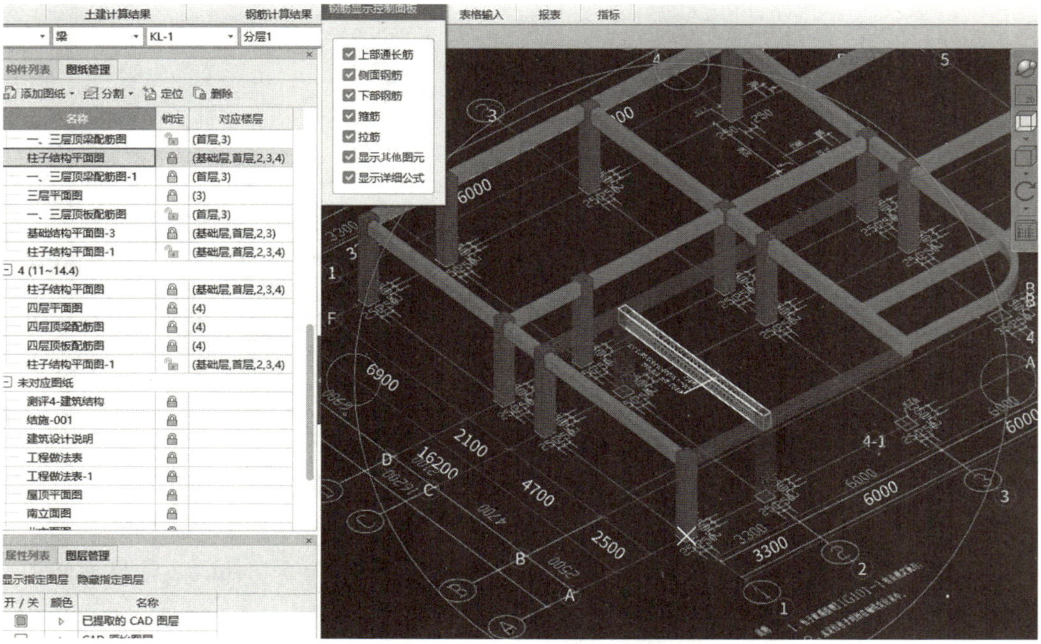

图 4.47　框架梁钢筋三维示意图

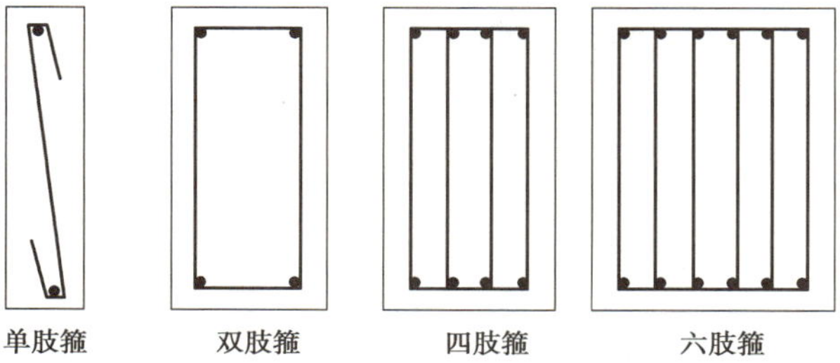

图 4.48　不同类型箍筋示意图

(2)按轧制外形分

①光面钢筋:轧制为光面圆形截面,供应形式为盘圆,直径不大于 10 mm,长度为 6 ~ 12 m,如 HPB300 钢筋。

②带肋钢筋:有螺旋形、人字形和月牙形 3 种,轧制成人字形(如 HRB400 钢筋)、螺旋形及月牙形(如 RRB400 钢筋),图 4.49 所示为钢筋实物图。

图 4.49　钢筋实物图

③钢线(分为低碳钢丝和碳素钢丝两种)及钢绞线。

④冷轧扭钢筋:经冷轧并冷扭成型的钢筋。

(3)按生产工艺分

按生产工艺,钢筋可分为热轧、冷轧、冷拉钢筋,还有经热处理而成的热处理钢筋,强度比前者更高。

2)混凝土保护层厚度

以最外层钢筋(包括箍筋、构造筋、分布筋等)外边缘至混凝土表面的距离计算混凝土保护层厚度,如图 4.50 所示。常用混凝土保护层厚度表见表 4.17。

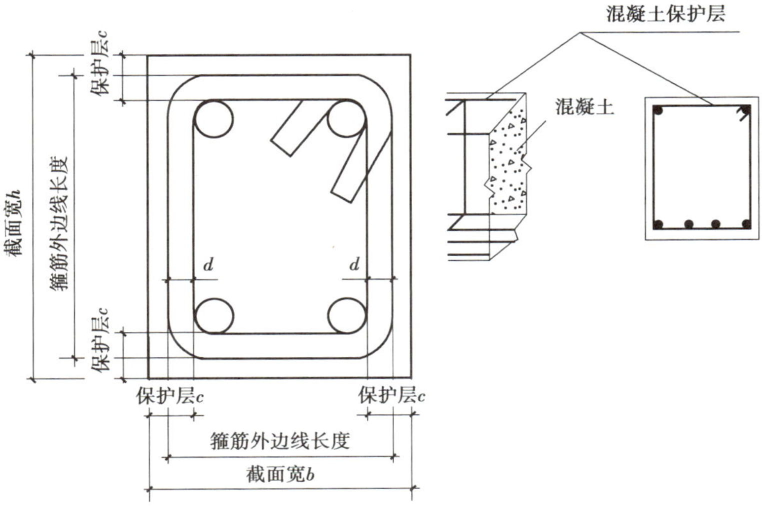

图 4.50 混凝土保护层示意图

表 4.17 混凝土保护层最小厚度表 单位:mm

环境类别	板、墙	梁、柱
一	15	20
二 a	20	25
二 b	25	35
三 a	30	40
三 b	40	50

4.6.2 钢筋弯钩增加长度计算

弯钩增加长度值示意图如图 4.51 所示。

当 $R=2.5d$,弯钩末端直线段长 $L_p=3d$ 时,在图 4.51 中:

180°弯钩增加值 L_z =180°弯钩外皮度量差值+平直段长度

=(180°弯钩中心线圆弧长-180°弯钩外皮水平度量长)+L_p

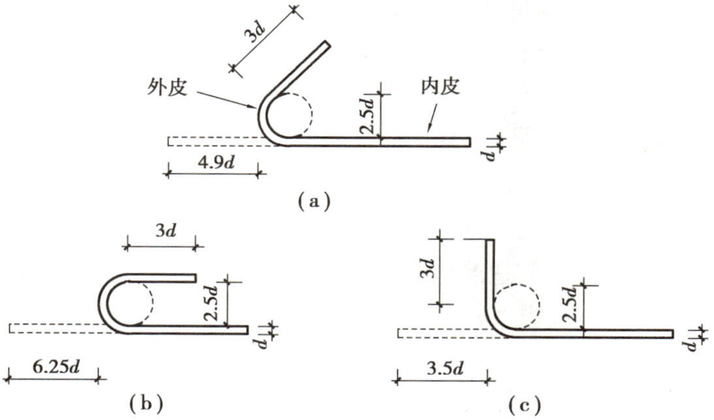

图 4.51 弯钩增加长度值示意图

$=[(R+0.5d)\times 2\pi\times 0.5-(R+d)]+3d$

$=[(1.25d+0.5d)\times 3.142-(1.25d+d)]+3d$

$=3.25d+3d$

$=6.25d$

135°钢筋弯钩增加值 L_z = 135°弯钩外皮度量差值+平直段长度

=(135°中心线圆弧长−135°弯钩外皮水平度量长)+L_p

$=\left[\frac{3}{8}(R+0.5d)\times 2\pi-(R+d)\right]+3d$

$=(1.357R+0.178d)+3d$

$=(1.357\times 1.25d+0.178d)+3d$

$=1.87d+3d$

$=4.9d$

90°钢筋弯钩增加值 L_z = 90°弯钩外皮度量差值+平直段长度

=(90°弯钩中心线圆弧长−90°弯钩外皮水平度量长)+L_p

$=[1.571R+0.786d-(R+d)]+3d$

$=[1.571\times 1.25d+0.786d-(1.25d+d)]+3d$

$=0.499d+3d$

$=3.5d$

注:①斜弯钩为 4.9d 对应 45°。

②半圆弯钩为 6.25d 对应 180°。

③直弯钩为 3.5d 对应 90°。

④135°弯钩为 11.9d。

4.6.3 钢筋下料长度公式

钢筋下料长度是指相应钢筋的中心线长。

1）平直钢筋（长度延伸方向平行于构件长度延伸方向）

直线钢筋（图 4.52 中①和③）下料长度＝构件长度－保护层厚度＋弯钩增加长度

弯起钢筋（图 4.52 中②）下料长度＝平直段长度＋弯起部分长度（见表 4.18）＋弯钩增加长度

弯起钢筋的增加长度：弯起钢筋的弯起角度一般有 30°、45°、60° 3 种，其弯起增加值是指斜长与水平投影长度之间的差值，具体见表 4.18。

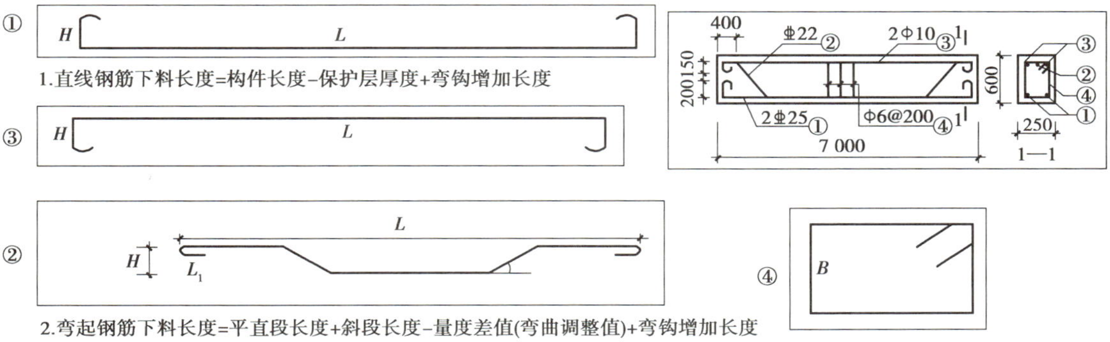

注：量度差值即表 4.18 中的 L。

图 4.52　钢筋的下料长度示意图

表 4.18　弯起钢筋增加长度表

形状		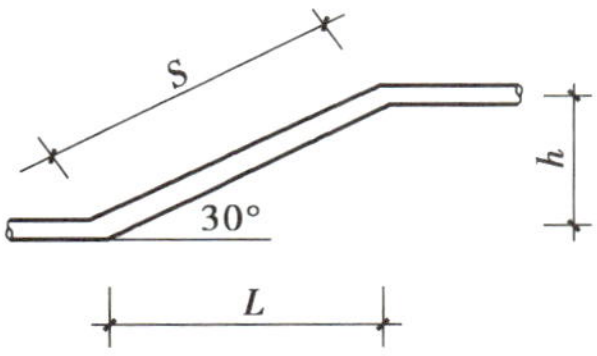	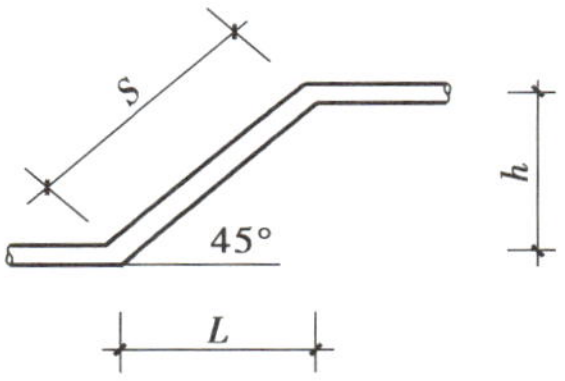	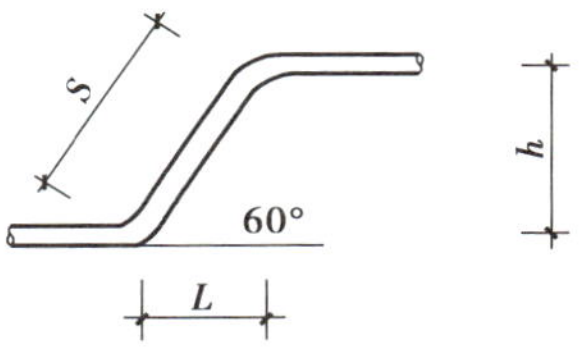
计算方法	斜边长 S	$2h$	$1.414h$	$1.155h$
	增加长度 $S-L=\Delta l$	$0.268h$	$0.414h$	$0.577h$

2）箍筋

箍筋下料长度＝箍筋单根长度×箍筋根数

箍筋单根长度＝箍筋的外边线周长＋箍筋弯钩增加长度

箍筋的外边线周长＝构件截面周长－4×钢筋保护层厚度

箍筋弯钩增加长度见表 4.19。

根据箍筋布置的类型（非闭合布置和闭合布置），箍筋根数计算如下：

①非闭合布置：

- 不等距布置

箍筋根数＝2×{[（加密区长度－50 mm）/加密区间距]＋1}＋非加密区长度/非加密区间距

表 4.19　箍筋弯钩增加长度

结构类型	弯钩角度		
	90°	135°	180°
非抗震结构	5.5d	6.87d	8.25d
抗震结构	10.5d	11.87d	13.25d

加密区长度：

梁内：max{2 倍梁高，500 mm}（1 级抗震），max{1.5 倍梁高，500 mm}（2 至 4 级抗震）。

柱内：首层柱为柱在本层的高度÷3（柱下端），max{柱在本层的高度÷6，柱边长，500 mm}（柱上端）；首层以上为 max{柱在本层的高度÷6，柱边长，500 mm}（上下端均如此）。

- 等距布置

$$箍筋根数=\frac{构件长度-两端钢筋保护层厚度}{箍筋间距}$$

②闭合布置：

$$箍筋根数=\frac{构件周长-两端钢筋保护层厚度}{箍筋间距}+1$$

4.6.4　平面标注介绍

钢筋在设计图中的标注方法有 3 种，第一种是截面标注，即通过构件截面的形式将构件内钢筋的形状、位置和截面尺寸表示出来，其优点是可以直观且具体地将钢筋信息表达出来，缺点是需要用大量的字符来描述钢筋信息，绘图成本较高，因此常用于柱、基础中数量较少但形状复杂的钢筋标注；第二种是列表注写，即通过列表的方式，将某种类型的构件（常为柱）中大量存在的钢筋集中标注出来，其优点是钢筋信息集中，利于算量，缺点是钢筋的位置信息不明确，对看图者的抽象思维能力要求较高；第三种是钢筋的平面标注法，这是一种描述构件内钢筋信息的简化标注方法，具体是指用符号、数字和文字对施工图中各种构件的尺寸、配筋方式进行标准化的表达，其优点是可以用很少的字符标注出大量的钢筋信息，缺点是无法直观和具体地看到每一根钢筋的形状和位置，因此平面标注法常用于建筑结构中梁和板这两种存在大量钢筋但钢筋形状和位置有着大量共性的构件中钢筋标注。

1）钢筋平面标注法的形式

下面以梁为例介绍平法标注的形式。

①集中标注：将某一部分构件中都有的钢筋信息于一点集中标注出来，表达梁的通用数值。

②原位标注：将钢筋的信息在其所在的位置标注出来（不适合集中标注的信息），表达梁的特殊数值。

注意：当同一构件中的两种标注有冲突时以原位标注为准。

（1）集中标注

①梁编号。梁编号由梁类型代号、序号、跨数及有无悬挑代号几项组成，并应符合表 4.20 的规定。

表4.20 梁编号

梁类型	代号	序号	跨数及是否带有悬挑
楼层框架梁	KL	××	(××)、(××A)或(××B)
楼层框架扁梁	KBL	××	(××)、(××A)或(××B)
屋面框架梁	WKL	××	(××)、(××A)或(××B)
框支梁	KZL	××	(××)、(××A)或(××B)
托柱转换梁	TZL	××	(××)、(××A)或(××B)
非框架梁	L	××	(××)、(××A)或(××B)
悬挑梁	XL	××	(××)、(××A)或(××B)
井字梁	JZL	××	(××)、(××A)或(××B)

注:(××A)为一端有悬挑,(××B)为两端有悬挑,悬挑不计入跨数。例如,KL7(5A)表示第7号框架梁,有5跨,一端有悬挑。

②梁截面尺寸。

当为等截面梁时,梁截面尺寸用$b\times h$(宽×高)表示。

当为竖向加腋梁时,用$b\times h$ Y$c_1\times c_2$表示,其中c_1为腋长,c_2为腋高。如300×750 Y500×250。

当为水平加腋梁时,一侧加腋时用$b\times h$ PY$c_1\times c_2$表示,其中c_1为腋长,c_2为腋宽,如300×700 PY500×250。

当有悬挑梁且根部和端部的高度不同时,用$b\times h_1/h_2$表示,h_1为根部高,h_2表示端部高,如300×700/500。

③梁箍筋信息。梁箍筋,包括钢筋种类、直径、加密区与非加密区间距及肢数。

例如,Φ10@100/200(4)表示箍筋为HPB300钢筋,直径为10 mm,加密区间距为100 mm,非加密区间距为200 mm,均为4肢箍。

④梁上部通长筋或架立筋信息。通长筋可为相同或不同直径采用搭接连接、机械连接或焊接的钢筋。当同排纵筋中既有通长筋又有架立筋时,应用加号"+"将通长筋和架力筋相联。

例如,2⌀22+(4Φ12),其中2⌀22为通长筋,4Φ12为架立筋。

⑤梁侧面纵向构造钢筋或受扭钢筋信息。当梁腹板高度$h_w\geq 450$ mm时,需配置纵向构造钢筋,该项注写值以大写字母G打头,接续注写设置在梁两个侧面的总配筋值,且对称配置。

例如,G4Φ12,表示梁的两个侧面共配置4Φ12的纵向构造钢筋,每侧各配置2Φ12。

当梁侧面需配置受扭纵向钢筋时,该项注写值以大写字母N打头,接续注写设置在梁两个侧面的总配筋值,且对称配置。

例如,N6⌀25,表示梁的两个侧面共配置6⌀25的受扭纵向构造钢筋,每侧各配置3⌀25。

⑥梁顶面标高高差。梁顶面标高高差,是指相对于结构层楼面标高的高差值,对于位于结构夹层的梁,则指相对于结构夹层楼面标高的高差。有高差时,需将其写入括号内,无高差

时不注。

(2)原位标注

①梁支座上部纵筋,该部位含通长筋在内的所有纵筋:

"/"分隔——当上部纵筋多于一排时,用斜线"/"将各排纵筋自上而下分开。

"+"相联——当同排纵筋有两种直径时,用加号"+"将两种直径的纵筋相联,注写时将角部纵筋写在前面。

缺省标注——当梁中间支座两边的上部纵筋不同时,需在支座两边分别标注;当梁中间支座两边的上部纵筋相同时,可仅在支座的一边标注配筋值,另一边省去不注。

例如,梁支座上部纵筋注写为6 ⌀25 4/2,表示上一排纵筋为4 ⌀25,下一排纵筋为2 ⌀25;梁支座上部有4根纵筋,2 ⌀25放在角部,2 ⌀22放在中部,在梁支座上部应注写为2 ⌀25+2 ⌀22。

②梁下部纵筋:

"/" 和"+"的含义同梁支座上部纵筋。

"-"不伸入支座——当梁下部纵筋不全部伸入支座时,将不伸入支座的梁下部纵筋数量写在括号内。

例如,6 ⌀25 2(-2)/4,表示上排纵筋为2 ⌀25,且不伸入支座;下排纵筋为4 ⌀25,全部伸入支座。2 ⌀25+3 ⌀22(-3)/5 ⌀25,表示上排纵筋为2 ⌀25和3 ⌀22,其中3 ⌀22不伸入支座;下排纵筋为5 ⌀25,全部伸入支座。

注意:

①当梁的集中标注中已注写了梁上部和下部均为通长筋的纵筋值时,则不需要在梁的下部重复做原位标注。

②当梁设置竖向加腋时,加腋部位下部斜纵筋应在支座下部以Y打头注写在括号内。

③当梁设置水平加腋梁时,水平加腋梁内上、下部斜纵筋应在加腋支座上部以Y打头注写在括号内,上、下部斜纵筋之间用"/"分隔,如图4.53所示。

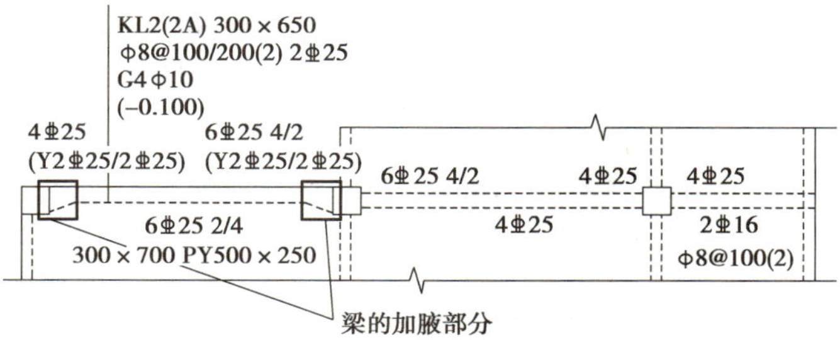

图4.53 梁水平加腋平面注写方式表达示例

④当多跨梁的集中标注中已经注明加腋,而该梁某跨的根部不需要加腋时,则应在该跨原位标注等截面的 $b \times h$,以修正集中标注中的加腋信息。

2)平法标注中钢筋的构造特点

(1)集中标注钢筋的构造特点

集中标注钢筋的构造特点同截面标注。

(2)原位标注钢筋的构造特点

①中间支座上部纵筋的伸出支座长度值统一取值为:第一排非通长筋及与跨中直径不同的通长筋从柱(梁)边起伸出至 $l_n/3$ 位置;第二排非通长筋伸出至 $l_n/4$ 位置(图 4.54)。l_n 的取值规定为:对端支座,l_n 为本跨的净跨值;对中间支座,l_n 为支座两边较大一跨的净跨值。

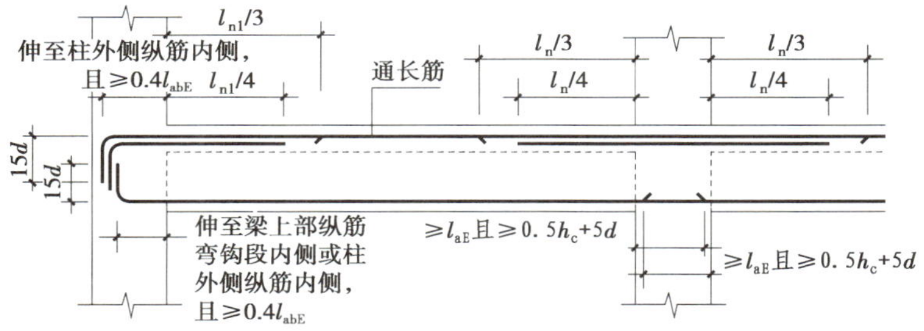

图 4.54 楼层框架梁 KL 纵向钢筋构造

②悬挑梁(包括其他类型梁的悬挑部分)上部第一排纵向钢筋伸出至梁端头并下弯,第二排伸出至 $3l/4$ 位置,l 为自柱(梁)边算起的悬挑净长。

③当梁(不包括框支梁)下部纵向钢筋不全部伸入支座时(图 4.55),不伸入支座的梁下部纵筋的截断点距支座边的距离统一取为 $0.1l_n$。

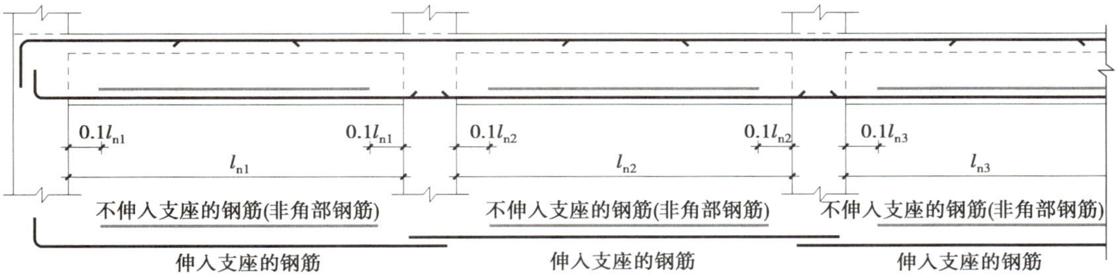

图 4.55 不伸入支座的梁下部纵向钢筋断点位置

3)平法标注中钢筋的计算

(1)梁上部贯通钢筋

上部贯通纵筋长度=(通跨净长+两端支座锚固长度+搭接长度×接头个数)×根数

①钢筋的锚固长度见表 4.21。

表 4.21 钢筋的锚固长度表

左右支座锚固长度判断	
取大值	l_{aE}
	$0.4l_{aE}+15d$
	支座宽-保护层+弯折 15d

②钢筋的抗震锚固长度见表 4.22 和表 4.23。

表 4.22　受拉钢筋基本锚固长度 l_{ab}

钢筋种类	混凝土强度等级							
	C25	C30	C35	C40	C45	C50	C55	≥C60
HPB300	34d	30d	28d	25d	24d	23d	22d	21d
HRB400、HRBF400、RRB400	40d	35d	32d	29d	28d	27d	26d	25d
HRB500、HRBF500	48d	43d	39d	36d	34d	32d	31d	30d

表 4.23　抗震设计时受拉钢筋基本锚固长度 l_{abE}

钢筋种类		混凝土强度等级							
		C25	C30	C35	C40	C45	C50	C55	≥C60
HPB300	一、二级	39d	35d	32d	29d	28d	26d	25d	24d
	三级	36d	32d	29d	26d	25d	24d	23d	22d
HRB400、HRBF400	一、二级	46d	40d	37d	33d	32d	31d	30d	29d
	三级	42d	37d	34d	30d	29d	28d	27d	26d
HRB500、HRBF500	一、二级	55d	49d	45d	41d	39d	37d	36d	35d
	三级	50d	45d	41d	38d	36d	34d	33d	32d

注：1. 四级抗震时，$l_{abE}=l_{ab}$。

2. 混凝土强度等级应取锚固区的混凝土强度等级。

3. 当锚固钢筋的保护层厚度不大于5d时，锚固钢筋长度范围内应设置横向构造钢筋，其直径不应小于d/4（d为锚固钢筋的最大直径）；对梁、柱等构件间距不应大于5d，对板、墙等构件间距不应大于10d，且均不应大于100 mm（d为锚固钢筋的最小直径）。

③纵向受拉钢筋抗震搭接长度见表4.24。

表 4.24　纵向受拉钢筋抗震搭接长度 l_{lE}

钢筋种类及同一区段内搭接钢筋面积百分率			混凝土强度等级															
			C25		C30		C35		C40		C45		C50		C55		C60	
			$d\le$25	$d>$25	$d\le$25	$d>$25	$d\le$25	$d>$25	$d\le$25	$d>$25	$d\le$25	$d>$25	$d\le$25	$d>$25	$d\le$25	$d>$25	$d\le$25	$d>$25
一、二级抗震等级	HPB300	≤25%	47d	—	42d	—	38d	—	35d	—	34d	—	31d	—	30d	—	29d	—
		50%	55d	—	49d	—	45d	—	41d	—	39d	—	36d	—	35d	—	34d	—
	HRB400 HRBF400	≤25%	55d	61d	48d	54d	44d	48d	40d	44d	38d	43d	37d	42d	36d	40d	35d	38d
		50%	64d	71d	56d	63d	52d	56d	46d	52d	45d	50d	43d	49d	42d	46d	41d	45d
	HRB500 HRBF500	≤25%	66d	73d	59d	65d	54d	59d	49d	55d	47d	52d	44d	48d	43d	47d	42d	46d
		50%	77d	85d	69d	76d	63d	69d	57d	64d	55d	60d	52d	56d	50d	55d	49d	53d

续表

钢筋种类及同一区段内搭接钢筋面积百分率			混凝土强度等级															
			C25		C30		C35		C40		C45		C50		C55		C60	
			$d\leq 25$	$d>25$	$d\leq 25$	$d>25$	$d\leq 25$	$d>25$	$d\leq 25$	$d>25$	$d\leq 25$	$d>25$	$d\leq 25$	$d>25$	$d\leq 25$	$d>25$	$d\leq 25$	$d>25$
三级抗震等级	HPB300	≤25%	43*d*	—	38*d*	—	35*d*	—	31*d*	—	30*d*	—	29*d*	—	28*d*	—	26*d*	—
		50%	50*d*	—	45*d*	—	41*d*	—	36*d*	—	35*d*	—	34*d*	—	32*d*	—	31*d*	—
	HRB400 HRBF400	≤25%	50*d*	55*d*	44*d*	49*d*	41*d*	44*d*	36*d*	41*d*	35*d*	40*d*	34*d*	38*d*	32*d*	36*d*	31*d*	35*d*
		50%	59*d*	64*d*	52*d*	57*d*	48*d*	52*d*	42*d*	48*d*	41*d*	46*d*	39*d*	45*d*	38*d*	42*d*	36*d*	41*d*
	HRB500 HRBF500	≤25%	60*d*	67*d*	54*d*	59*d*	49*d*	54*d*	46*d*	50*d*	43*d*	47*d*	41*d*	44*d*	40*d*	43*d*	38*d*	42*d*
		50%	70*d*	78*d*	63*d*	69*d*	57*d*	63*d*	53*d*	59*d*	50*d*	55*d*	48*d*	52*d*	46*d*	50*d*	45*d*	49*d*

注:1. 表中数值为纵向受拉钢筋绑扎搭接接头的搭接长度。
2. 两根不同直径钢筋搭接时,表中 *d* 取钢筋较小直径。
3. 当为环氧树脂涂层带肋钢筋时,表中数据尚应乘以 1.25。
4. 当纵向受拉钢筋在施工过程中易受扰动时,表中数据尚应乘以 1.1。
5. 当搭接长度范围内纵向受力钢筋周边保护层厚度为 3*d*(*d* 为锚固钢筋的直径)时,表中数据可乘以 0.8;保护层厚度不小于 5*d* 时,表中数据可乘以 0.7;中间时按内插值。
6. 当上述修正系数(注 3 ~ 注 5)多于一项时,可按连乘计算。
7. 当位于同一连接区段内的钢筋搭接接头面积百分率为 100% 时, $l_{lE}=1.6l_{aE}$。
8. 当位于同一连接区段内的钢筋搭接接头面积百分率为表中数据中间值时,搭接长度可按内插取值。
9. 任何情况下,搭接长度不应小于 300 mm。
10. 四级抗震等级时, $l_{lE}=l_l$。详见本图集第 2-5 页。
11. HPB300 级钢筋末端应做 180°弯钩,做法详见本图集第 2-2 页。

(2)梁端支座负筋

端支座负筋(图 4.56)长度=(端支座锚固长度+伸出支座的长度)×根数

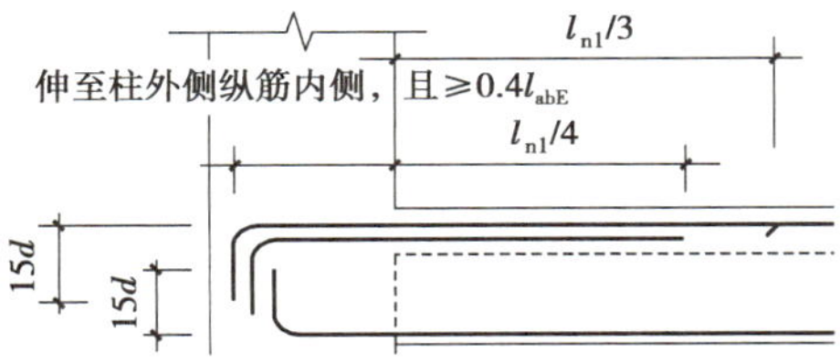

图 4.56　端支座负筋示意图

中间支座负筋(图 4.57)长度=中间支座宽度+左右两边伸出支座的长度

(3)架立筋

架立筋(图 4.58)长度=每跨净长-左右两边伸出支座的负筋长度+150 mm×2

(4)梁下部钢筋

梁下部通长钢筋示意图如图 4.59 所示。

下部通长钢筋长度=(通跨净长+左支座锚固+右支座锚固+搭接长度×搭接个数)×根数

框架梁下部钢筋(图 4.60)长度=净跨长度+2×锚固长度×根数

注:端支座为弯锚[图 4.60(a)],中支座为直锚[图 4.60(b)]。

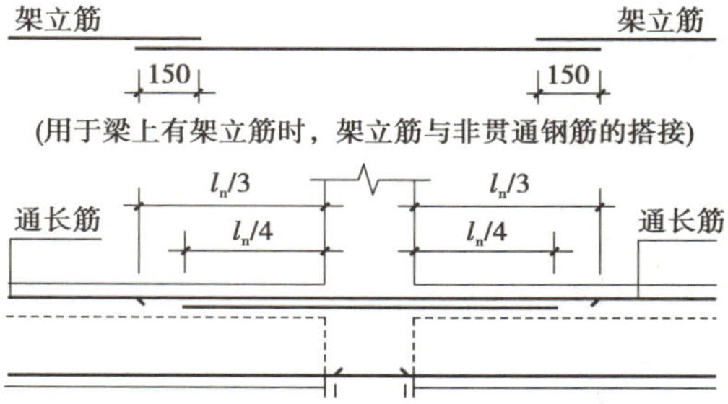

图 4.57　中间支座负筋示意图

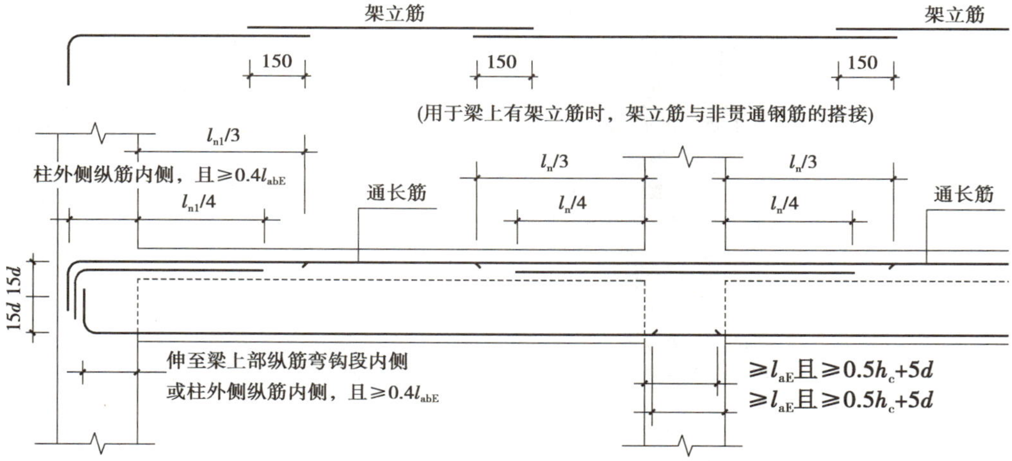

图 4.58　架立筋示意图

图 4.59　下部通长钢筋示意图

(a)端支座为弯锚

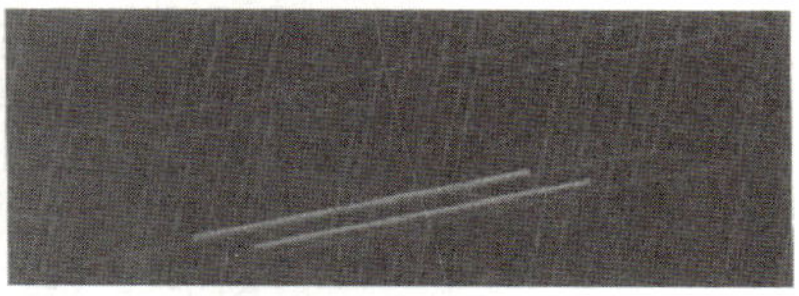

(b)中支座为直锚

图 4.60　框架梁下部钢筋示意图

侧面纵向构造钢筋(图 4.61)长度=通跨净长+15d×(接头数 n+2)

侧面纵向受扭钢筋(图 4.61)长度=通跨净长+左右端支座锚固长度+搭接长度×接头数

图 4.61　侧面纵向构造钢筋示意图

(5)拉结筋

拉结筋(图 4.62)= 梁宽−2×保护层+2×11.9d

(6)吊筋

吊筋(图 4.63)长度=2×锚固长度+2×架立钢筋增加长度+次梁宽度+2×50 mm

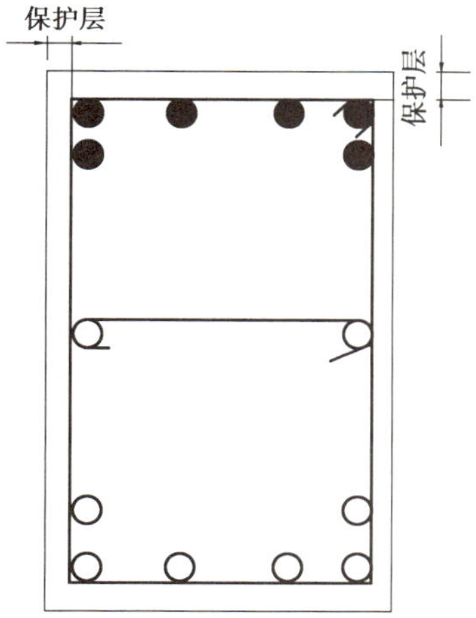

图 4.62　拉结筋示意图

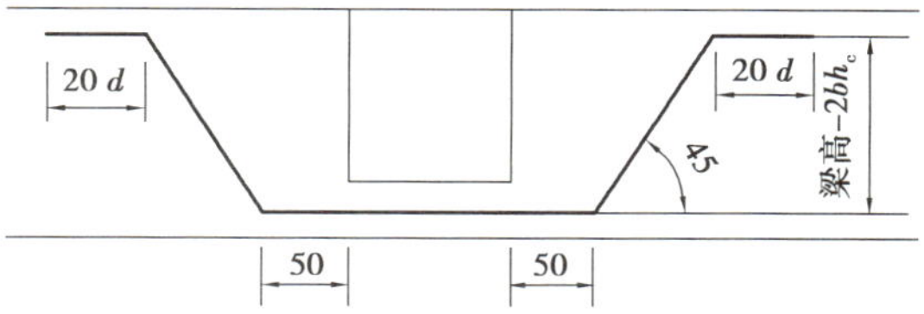

图 4.63　吊筋示意图

【例 4.8】计算图 4.64 所示中 KL5 的钢筋工程量,已知:抗震等级Ⅳ级,混凝土强度等级 C25,梁的混凝土保护层厚度为 25 mm。

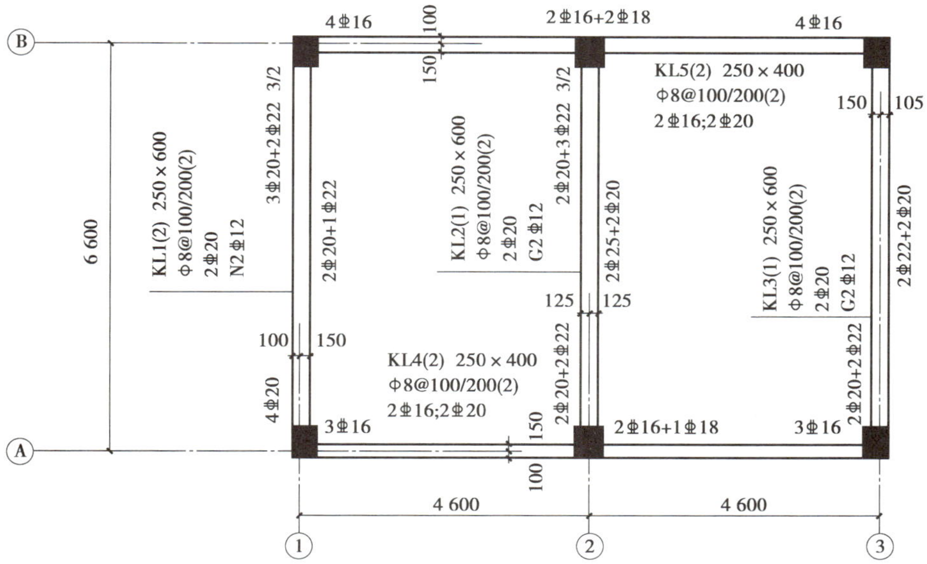

图 4.64　梁配筋图

解:

1. 钢筋标注类型

平法标注。

2. 钢筋信息识别

(1)KL1

①通长钢筋:直径 20 mm,2 根。

②侧面扭筋:直径 12 mm,2 根。

③端支座上部转角筋:直径 20 mm,4 根+3 根,位于第一层;直径 22 mm,2 根,位于第二层。

④梁下部纵筋:直径 20 mm,2 根;直径 22 mm,1 根。

⑤箍筋:直径 8 mm,双肢箍,不等距布置(加密区间距 100 mm,非加密区间距 200 mm)。

(2)KL2

①通长钢筋:直径 20 mm,2 根。

②侧面构造筋:直径 12 mm,2 根。

③端支座上部转角筋:直径 20 mm,2 根+2 根,2 根位于第一层,2 根位于第二层;直径 22 mm, 2 根+3 根,位于第一层。

④梁下部纵筋:直径 20 mm,2 根;直径 25 mm,2 根。

⑤箍筋:直径 8 mm,双肢箍,不等距布置(加密区间距 100 mm,非加密区间距 200 mm)。

(3)KL3

①通长钢筋:直径 20 mm,2 根。

②侧面构造筋:直径 12 mm,2 根。

③端支座上部转角筋:直径 20 mm,4 根,位于第一层;直径 22 mm,4 根,位于第一层。

④梁下部纵筋:直径 20 mm,2 根;直径 22 mm,2 根。

⑤箍筋:直径 8 mm,双肢箍,不等距布置(加密区间距 100 mm,非加密区间距 200 mm)。

(4)KL4(两根梁)

①通长钢筋:直径 16 mm,4 根;直径 20 mm,4 根。

②端支座上部转角筋:直径 16 mm,14 根,位于第一层。

③中支座上部纵筋:直径 16 mm,4 根,位于第一层;直径 18 mm,3 根,位于第一层。

④箍筋:直径 8 mm,双肢箍,不等距布置(加密区间距 100 mm,非加密区间距 200 mm)。

3. 计算原理

工程量:钢筋单根长度(m)×钢筋根数(根)×钢筋截面外接矩形面积(m^2)×0.006 17=钢筋质量(kg)。

纵向钢筋单根长度:平直段长度(m)+钢筋锚固长度(m)。

箍筋单根长度:梁截面周长-4×钢筋保护层厚度+2×箍筋弯钩增加长度。

4. 相关参数

钢筋保护层厚度:20 mm。

钢筋锚固长度:HRB400,33d。

箍筋弯钩增加长度:11.87d。

箍筋加密区长度:max{1.5 倍梁高,500 mm}

5. 工程量统计要求

按直径不同分别统计工程量(单位:t)。

6. 基数计算与统计(以 KL1 为例)

(1)KL1 钢筋长度

①通长钢筋:(6.6-0.4×2+33×0.02×2)×2=14.24(m)。

②侧面扭筋:(6.6-0.4×2+33×0.012×2)×2=13.184(m)。

③端支座上部转角筋：

20 mm：[(6.6−0.4×2)/3+33×0.02]×7＝18.13(m)；

22 mm：[(6.6−0.4×2)/3+33×0.022]×2＝5.3(m)。

④梁下部纵筋：

20 mm：(6.6−0.4×2+33×0.02×2)×2＝14.24(m)；

22 mm：(6.6−0.4×2+33×0.022×2)×2＝14.5(m)。

⑤箍筋：

单根长度：[(0.25+0.6)−4×0.02]+2×11.87×0.008＝0.96(m)。

根数：2×[(0.9−0.05)/0.1+1]+{[(6.6−0.4×2)−2×(0.9−0.05)]/0.2}＝40(根)。

总长：0.96×40＝38.4(m)。

(2)KL1 工程量计算

①通长钢筋：14.24×20×20×0.006 17＝35.144 4(kg)。

②侧面扭筋：13.184×12×12×0.006 17＝11.713 8(kg)。

③端支座上部转角筋：18.13×20×20×0.006 17＝44.744 9(kg)；5.3×22×22×0.006 17＝15.827 3(kg)。

④梁下部纵筋：14.24×20×20×0.007 16＝40.783 4(kg)；14.5×22×22×0.006 17＝43.301 1(kg)。

⑤箍筋：38.4×8×8×0.006 17＝15.163 4(kg)。

(3)工程量统计

20 mm 钢筋：(35.144 4+44.744 9+40.783 4)/1 000＝0.120 672 7(t)。

12 mm 钢筋：11.713 8/1 000＝0.011 713 8(t)。

22 mm 钢筋：(15.827 3+43.301 1)/1 000＝0.059 128 4(t)。

8 mm 钢筋：15.163 4/1 000＝0.015 163 4(t)。

【例 4.9】计算图 4.65 所示板的配筋工程量。已知：板厚 100 mm，板的混凝土保护层厚度为 15 mm，负弯矩筋的分布筋为Φ6.5@200。

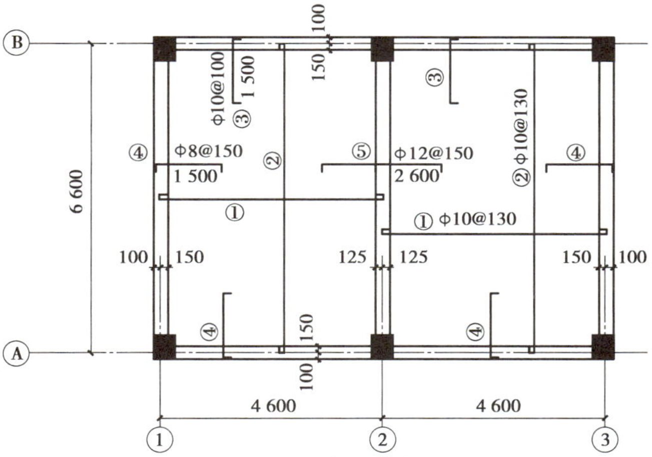

图 4.65　板配筋图

解：

1. 钢筋标注类型

截面标注。

2. 钢筋种类

①受力钢筋:①、②号钢筋。

②板负筋:③、④号钢筋。

3. 构造特点(共有)

每块板中,同类受力钢筋均布置两层(标注时只标注一层),板负筋只存在于板的边界处,只布置一层。

4. 构造特点(本题特有)

所有钢筋均为等距布置,每根受力钢筋两端均有180°弯钩,每根板负筋两端均有90°弯钩。

5. 钢筋工程量的计算原理

钢筋单根长度(m)×钢筋根数(根)×钢筋截面外接矩形面积(m^2)×0.006 17=钢筋质量(kg)。

6. 工程量统计要求

按直径不同分别统计工程量(单位:t)。

7. 基数计算与统计

(1)钢筋单根长度

a. 受力钢筋:

①号钢筋=(4.6+0.1+0.125−2×0.015)+2×6.25×0.01=4.92(m)

②号钢筋=(6.6+2×0.1−2×0.015)+2×6.25×0.01=6.895(m)

b. 板负筋:

③号钢筋=(1.5+0.25−0.015)+2×3.5×0.01=1.79(m)

④号钢筋=(1.5+0.25−0.015)+2×3.5×0.01=1.79(m)

⑤号钢筋=(2×2.6+0.25)+2×3.5×0.01=5.52(m)

(2)钢筋根数

a. 受力钢筋:

①号钢筋=[(6.6−2×0.015)/0.13+1]×2=103.07(根)≈104(根)

②号钢筋=[(4.6−2×0.015)/0.13+1]×2=72.3(根)≈73(根)

b. 板负筋:

③号钢筋=[(4.6−2×0.015)/0.1+1]×2=46.7(根)≈47(根)

④号钢筋=[(4.6−2×0.015)/0.15+1]×2+[(6.6−2×0.015)/0.15+1]×2=152.52(根)
=153(根)

⑤号钢筋=(6.6−2×0.015)/0.15+1=44.8(根)≈45(根)

(3)钢筋截面外接矩形面积(直径的平方)

a. 受力钢筋:

①号钢筋=10×10=100(mm^2)

②号钢筋=10×10=100(mm^2)

b. 板负筋:

③号钢筋=10×10=100(mm^2)

④号钢筋=8×8=64(mm^2)

⑤号钢筋=12×12=144(mm^2)

(4)工程量计算

a. 受力钢筋:

①号钢筋 = 4.92 m×104 根×100 mm^2×0.006 17 = 315.706 56(kg)

②号钢筋 = 6.895 m×73 根×100 mm^2×0.006 17 = 310.557 695(kg)

b. 板负筋:

③号钢筋 = 1.79 m×47 根×100 mm^2×0.006 17 = 51.908 21(kg)

④号钢筋 = 1.79 m×153 根×64 mm^2×0.006 17 = 108.145 785 6(kg)

⑤号钢筋 = 5.52 m×45 根×144 mm^2×0.006 17 = 220.698 432(kg)

(5)工程量统计

Φ10 钢筋:315.706 56(kg)+310.557 695(kg)+51.908 21(kg)= 678.172 465(kg)= 0.678 2(t)

Φ8 钢筋:108.145 785 6(kg)= 0.108 2(t)

Φ12 钢筋:220.698 432(kg)= 0.220 7(t)

任务 7 门窗工程

4.7.1 门窗工程量计算规则

1)门窗工程量计算方法

①门窗面积:洞口面积 = 洞口宽度×洞口高度;框外围面积 = (洞口宽度-框扣尺寸)×(洞口高度-框扣尺寸)。

②门窗个数。

③窗玻璃面积 = 框外围面积。

④窗台板体积 = 窗台板截面积×窗台板长度。

⑤窗台板模板面积 = 窗台板的底模面积+窗台板的侧模面积。

a. 窗台板底模面积 = 窗台板侧面长度×窗台板底部外露宽度。

b. 窗台板侧模面积 = 窗台板侧面长度之和×窗台板高度。

2)门窗工程量计算难点

计算门窗工程量本身并没有难点,实际工程中门窗的难点在于其尺寸不同导致其他构件工程量的变化,主要体现在:

①过梁工程量。

②墙体工程量。

③内外装修洞口侧壁工程量。

④窗台板工程量等。

4.7.2 门窗工程量清单编制实例

某工程首层平面图如图 4.66 所示,门窗表见表 4.25,根据图示计算首层门窗工程的工程量,见表 4.26。

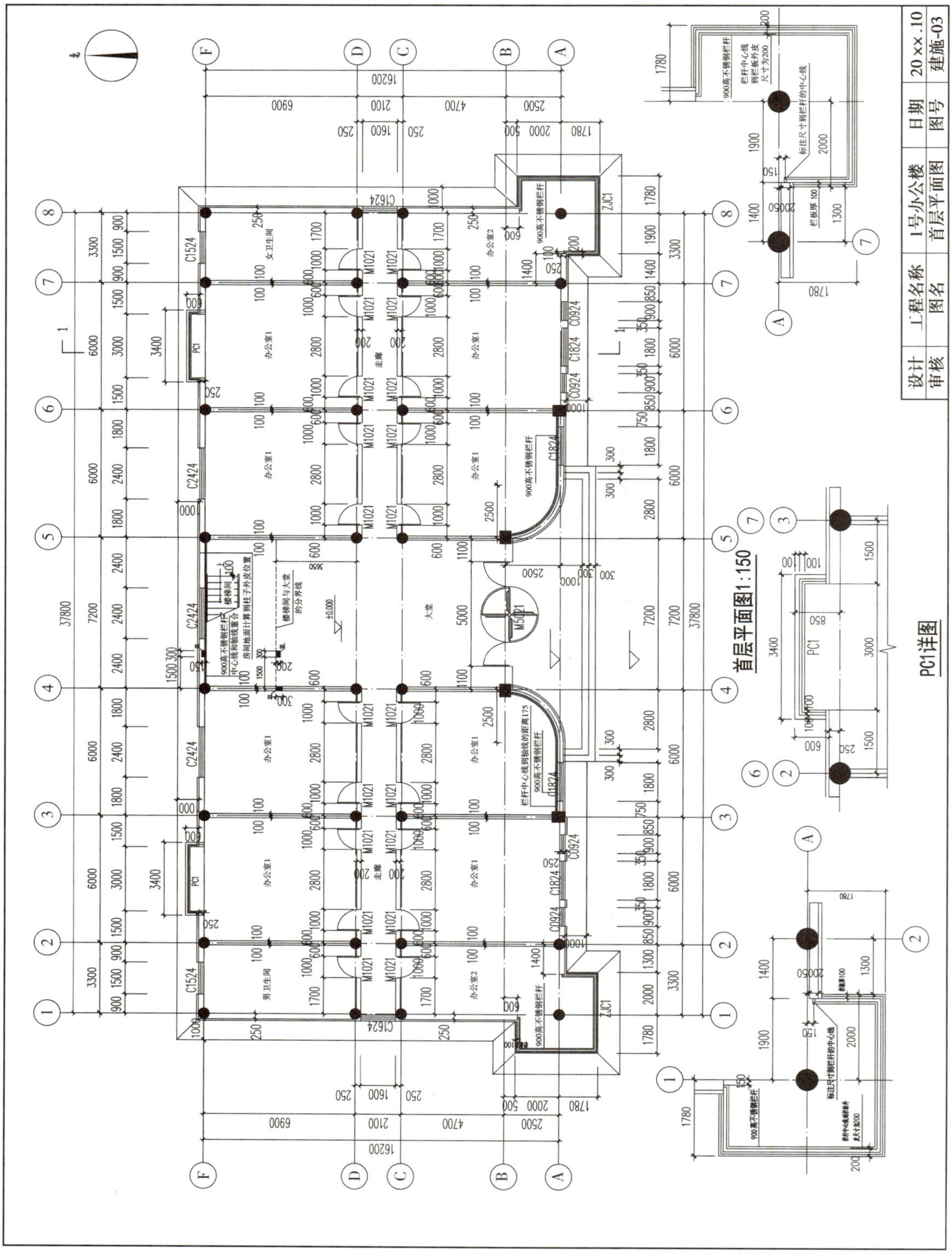

图4.66 某工程首层平面图

表 4.25　某工程首层门窗表

编号	名称	规格(洞口尺寸)/mm		数量/个					备注
		宽	高	一层	二层	三层	四层	总计	
M5021	旋转玻璃门	5 000	2 100	1	—	—	—	1	甲方确定
M1021	木质夹板门	1 000	2 100	20	20	20	20	80	甲方确定
C0924	塑钢窗	900	2 400	4	4	4	4	16	详见立面
C1524	塑钢窗	1 500	2 400	2	2	2	2	8	详见立面
C1624	塑钢窗	1 600	2 400	2	2	2	2	8	详见立面
C1824	塑钢窗	1 800	2 400	4	4	4	4	16	详见立面
C2424	塑钢窗	2 400	2 400	3	3	3	3	12	详见立面
PC1	飘窗(塑钢窗)	见平面	2 400	2	2	2	2	8	详见立面
C5027	塑钢窗	5 000	2 700	—	1	1	1	3	详见立面

表 4.26　首层门窗工程工程量计算表

序号	项目编码	项目名称	项目特征	计量单位	工程量	工程量计算过程
1	010801005001	夹板装饰门	门类型:木质夹板门	m^2/樘	40.00(20)	M1021:1.0 m×2.0 m×20 樘=40 m^2
2	010802001001	旋转玻璃门	门材质、品牌、外围尺寸:旋转玻璃门	m^2/樘	10.5(1)	M5021:5.0 m×2.1 m×1 樘=10.5 m^2
3	010807001001	塑钢窗	1. 窗类型:塑钢窗 2. 玻璃品种、厚度、五金特殊要求:单层框中空玻璃,传热系数<3.0	m^2	52.25	C0924:5.0 m×2.1 m×4 樘=10.5 m^2 C1824:1.8 m×2.4 m×4 樘=17.28 m^2 C1524:1.5 m×2.4 m×2 樘=7.2 m^2 C1624:1.6 m×2.4 m×2 樘=7.68 m^2 C2424:2.4 m×2.4 m×3 樘=17.28 m^2 小计:10.5+17.28+7.2+17.28=52.26(m^2)
4	010807007001	飘窗	窗类型:塑钢窗	m^2	75.456	ZJC1:(1.78+2+1.78+1.78+2+1.78)m×2.4 m×2 樘=53.376 m^2 PC1:(3.4+0.6+0.6)m×2.4 m×2 樘=22.08 m^2 小计:53.376+22.08=75.456(m^2)

任务 8　屋面及防水工程

4.8.1　瓦、型材屋面工程

瓦、型材屋面包括瓦屋面、型材屋面、膜结构屋面。如图 4.67 所示为不同类型屋面的构造。

瓦屋面项目适用于小青瓦、平瓦、筒瓦、石棉水泥瓦、玻璃钢波形瓦等。屋面基层包括檩条、椽子、木屋面板、顺水条、挂瓦条等。木屋面板应明确企口、错口、平口接缝。

型材屋面项目适用于压型钢板、金属压型夹芯板、阳光板、玻璃钢等。型材屋面的钢檩条或木檩条以及骨架、螺栓、挂钩等应包括在报价内。

膜结构屋面适用于膜布屋面。

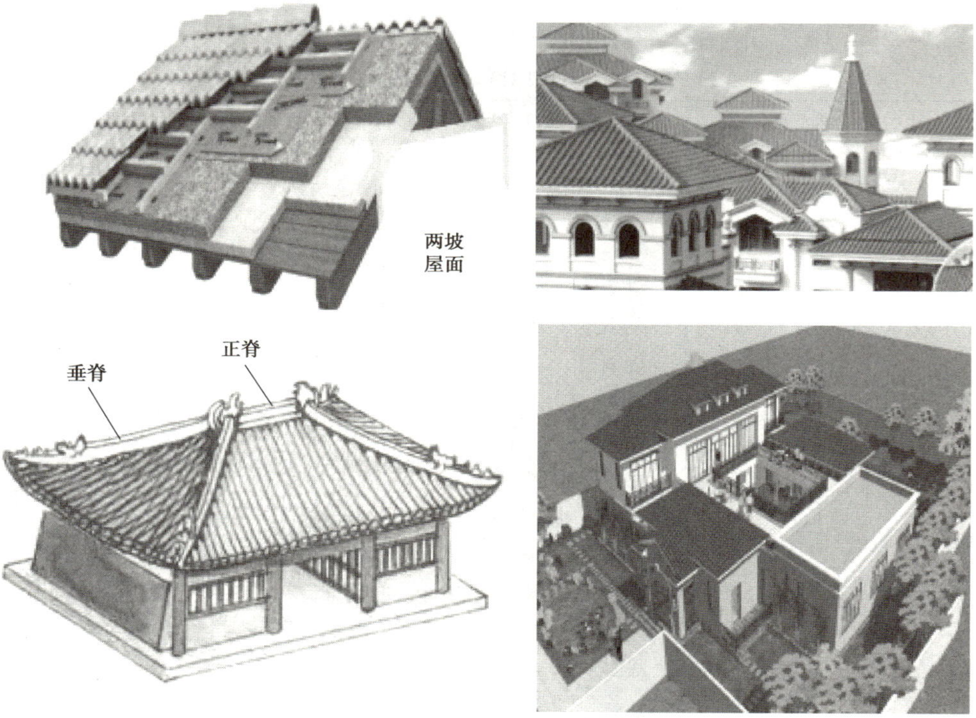

图 4.67　不同类型屋面构造图

1）瓦、型材屋面工程量清单项目设置及工程量计算规则

瓦、型材屋面工程量清单项目设置及工程量计算规则见表 4.27。

表 4.27　瓦、型材及其他屋面工程量清单项目设置及工程量计算规则表

项目编码	项目名称	项目特征	计量单位	工程量计算规则	工作内容
010901001	瓦屋面	1. 瓦品种、规格 2. 黏结层砂浆的配合比	m^2	按设计图示尺寸以斜面积计算 不扣除房上烟囱、风帽底座、风道、小气窗、斜沟等所占面积。小气窗的出檐部分不增加面积	1. 砂浆制作、运输、摊铺、养护 2. 安瓦、作瓦脊
010901002	型材屋面	1. 型材品种、规格 2. 金属檩条材料品种、规格 3. 接缝、嵌缝材料种类			1. 檩条制作、运输、安装 2. 屋面型材安装 3. 接缝、嵌缝
010901003	阳光板屋面	1. 阳光板品种、规格 2. 骨架材料品种、规格 3. 接缝、嵌缝材料种类 4. 油漆品种、刷漆遍数		按设计图示尺寸以斜面积计算 不扣除屋面面积≤0.3 m^2 孔洞所占面积	1. 骨架制作、运输、安装、刷防护材料、油漆 2. 阳光板安装 3. 接缝、嵌缝
010901004	玻璃钢屋面	1. 玻璃钢品种、规格 2. 骨架材料品种、规格 3. 玻璃钢固定方式 4. 接缝、嵌缝材料种类 5. 油漆品种、刷漆遍数			1. 骨架制作、运输、安装、刷防护材料、油漆 2. 玻璃钢制作、安装 3. 接缝、嵌缝
010901005	膜结构屋面	1. 膜布品种、规格 2. 支柱(网架)钢材品种、规格 3. 钢丝绳品种、规格 4. 锚固基座做法 5. 油漆品种、刷漆遍数		按设计图示尺寸以需要覆盖的水平投影面积计算	1. 膜布热压胶接 2. 支柱(网架)制作、安装 3. 膜布安装 4. 穿钢丝绳、锚头锚固 5. 锚固基座、挖土、回填 6. 刷防护材料、油漆

注:1. 瓦屋面若是在木基层上铺瓦,项目特征不必描述黏结层砂浆的配合比,瓦屋面铺防水层按《房屋建筑与装饰工程工程量计算规范》(GB 50854—2013)附录表 J.2 屋面防水及其他中相关项目编码列项。

2. 型材屋面、阳光板屋面、玻璃钢屋面的柱、梁、屋架,按《房屋建筑与装饰工程工程量计算规范》(GB 50854—2013)附录 F 金属结构工程、附录 G 木结构工程中相关项目编码列项。

2)坡屋面做法示例

坡屋面做法示例如图 4.68 所示。

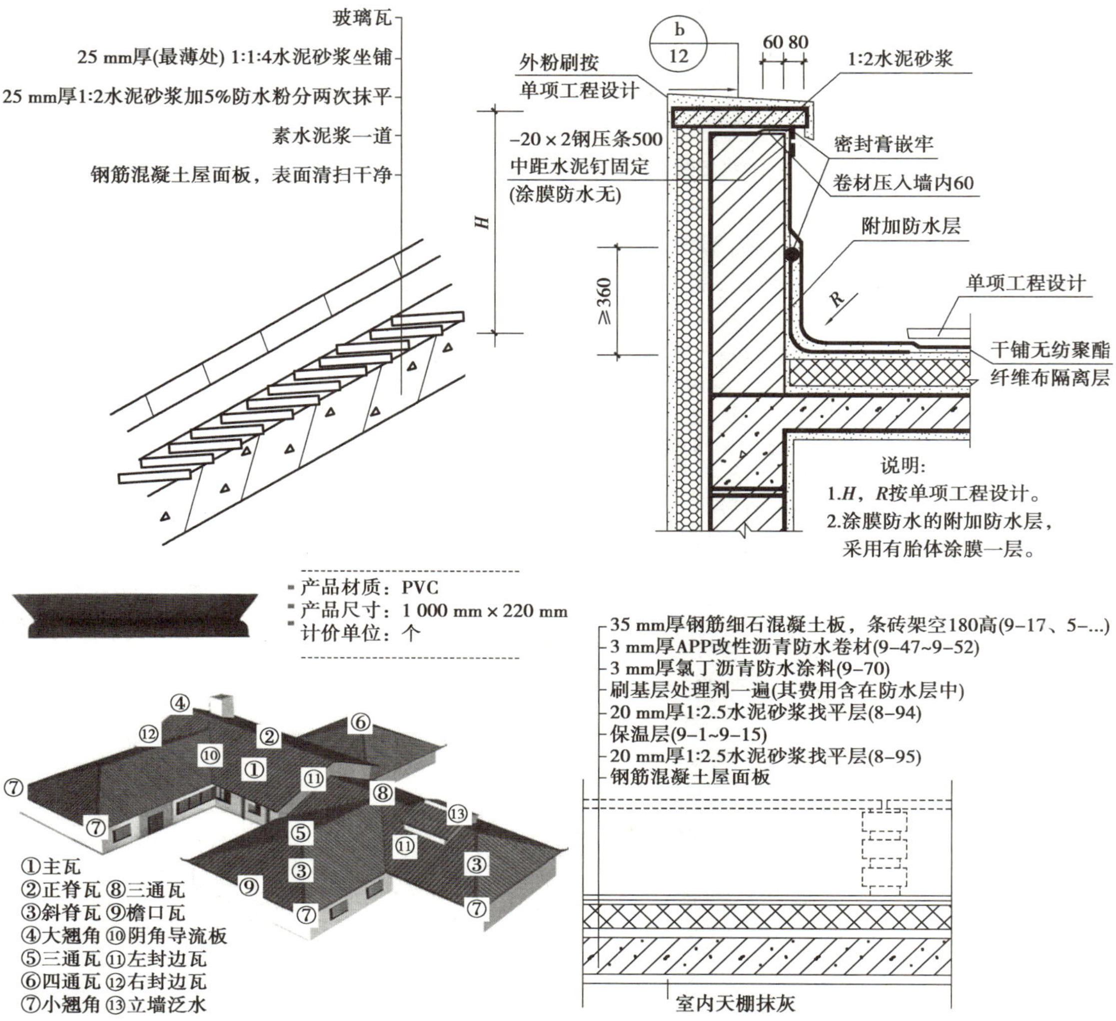

图 4.68　坡屋面做法示例图

3) 坡屋面表示方法

坡屋面表示方法如图 4.69 所示。

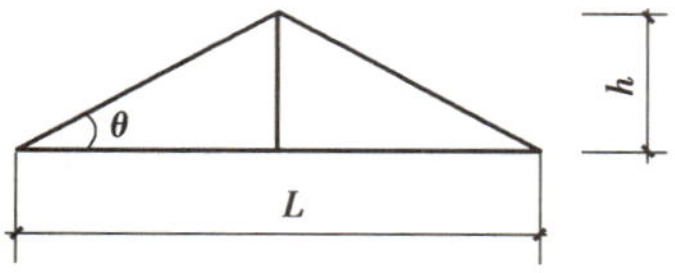

图 4.69　坡屋面表示方法

①用屋顶的高度与屋顶的跨度之比(简称高跨比)表示，即 H/L。

②用屋顶的高度与屋顶的半跨之比(简称坡度)表示，即 $i=H(1/2L)$。

③用屋面的斜面与水平面的夹角(θ)表示。

4) 屋面坡度系数

由于屋面具有一定的坡度，因此屋面的实际面积与水平投影面积不相等，如图 4.70 所示。为了便于计算，用屋面坡度系数来计算工程量(见表 4.28)，其计算公式为

$$屋面实际面积 = 屋面水平投影面积 \times C$$

一个斜脊长度 $=A\times D$

式中　C——屋面坡度延尺系数；

D——屋面坡度隅延尺系数。

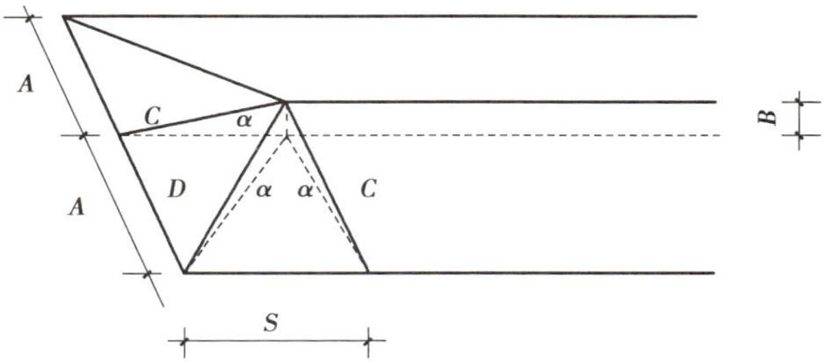

注：1. 两坡排水屋面面积为屋面水平投影面积×屋面坡度延尺系数 C。

2. 四坡排水屋面斜脊长度 $=A\times D$（当 $S=A$ 时）。

3. 沿山墙泛水长度 $=A\times C$。

图 4.70　坡屋面表示方法图

在计算屋面实际面积时，无论单坡、双坡、三坡、四坡或多坡，均可利用此公式计算。在各坡的坡度相同时，可以利用整个屋面的水平投影面积乘以其坡度延尺系数计算。

表 4.28　屋面坡度系数表

坡度 $B(A=1)$	坡度 $B/2A$	坡度角度(α)	延尺系数 $C(A=1)$	隅延尺系数 $D(A=1)$
1	1/2	45°	1.414 2	1.732 1
0.75		36°52′	1.250 0	1.600 8
0.7		35°	1.220 7	1.577 9
0.666	1/3	33°40′	1.201 5	1.562 0
0.65		33°01′	1.192 6	1.556 4
0.6		30°58′	1.166 2	1.536 2
0.577		30°	1.154 7	1.527 0
0.55		28°49′	1.141 3	1.517 0
0.5	1/4	26°34′	1.118 0	1.500 0
0.45		24°14′	1.096 6	1.483 9
0.4	1/5	21°48′	1.077 0	1.469 7
0.35		19°17′	1.059 4	1.456 9
0.3		16°42′	1.044 0	1.445 7
0.25		14°02′	1.030 8	1.436 2
0.2	1/10	11°19′	1.019 8	1.428 3
0.15		8°32′	1.011 2	1.422 1
0.125		7°8′	1.007 8	1.419 1

续表

坡度 $B(A=1)$	坡度 $B/2A$	坡度角度(α)	延尺系数 $C(A=1)$	隅延尺系数 $D(A=1)$
0.100	1/20	5°42′	1.005 0	1.417 7
0.083		4°45′	1.003 5	1.416 6
0.066	1/30	3°49′	1.002 2	1.415 7

【例 4.10】如图 4.71 所示，计算四坡瓦屋面(坡度 1/2 的黏土瓦屋面)工程量。

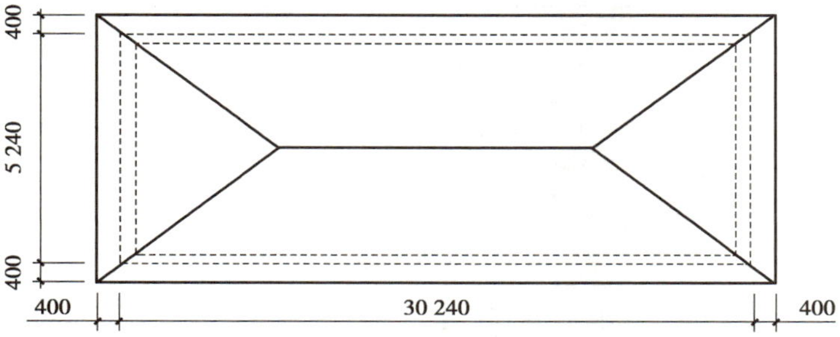

图 4.71　四坡瓦屋面示意图

解：屋面斜面积 $=[(30.24+0.4\times2)\times(5.24+0.4\times2)]\times1.118=209.60(\text{m}^2)$

【例 4.11】如图 4.72 所示瓦屋面，求屋面面积及屋脊长度。

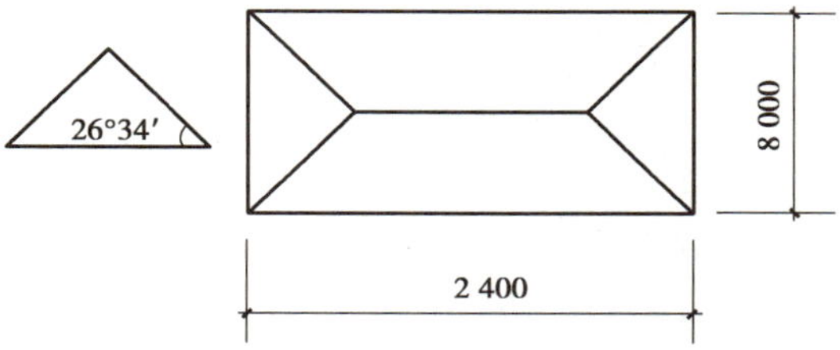

图 4.72　瓦屋面示意图

解：(1)查表 4.28 得 $C=1.118$。

屋面面积 = 屋面水平投影面积 $\times C=8.0\times24.0\times1.118=214.66(\text{m}^2)$

(2)查表 4.28 得 $D=1.5$。

斜脊长度 $=A\times D\times4=4.0\times1.5\times4$ 条 $=24(\text{m})$

屋脊水平段长度 $=24-8=16(\text{m})$

屋脊总长 $=24+16=40(\text{m})$

5)保温层工程量

保温层工程量按设计图示尺寸以“体积”或“面积”计算，即保温层的工程量 = 保温层面积 × 平均厚度。

保温层平均厚度的含义：

①保温层厚度各处相等时：

平均厚度 = 设计厚度(铺设厚度)

②保温层兼找坡时,最薄处厚度为零(图 4.73)。

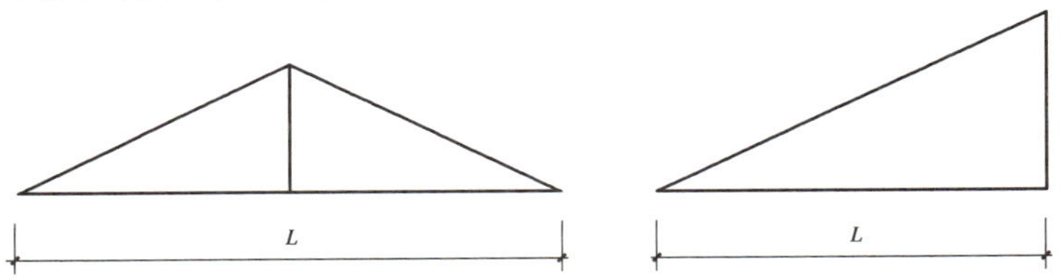

图 4.73　保温层兼找坡时最薄处厚度为零示意图

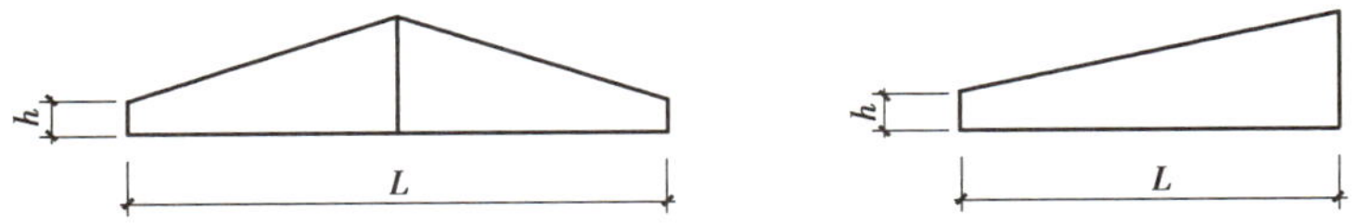

图 4.74　保温层兼找坡时最薄处厚度为 h 示意图

③保温层兼找坡,最薄处厚度为 h(图 4.74)时:

双坡屋面:　　　　平均厚度 = 屋面坡度 $\times L/2 \div 2+h$

单坡屋面:　　　　平均厚度 = 屋面坡度 $\times L \div 2+h$

【例 4.12】如图 4.75 所示为平屋面的屋顶平面图,屋面采用干铺蛭石保温层,最薄处 60 mm 厚,试计算屋面保温层的工程量。

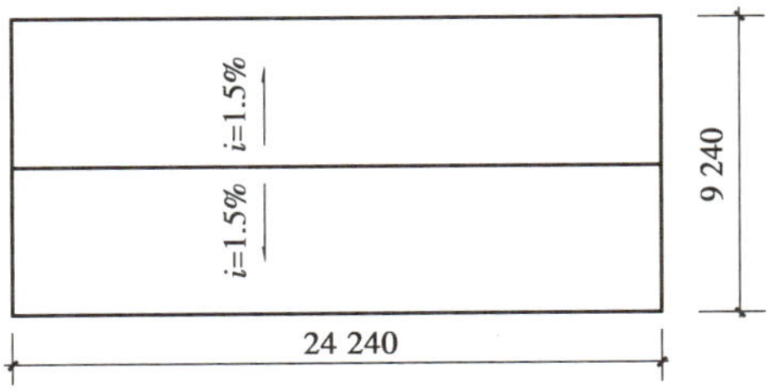

图 4.75　平屋面的屋顶平面图

解:屋面水平投影面积 = 24.24×9.24 = 223.98(m^2)

保温层的平均厚度 = 9.24/4×1.5% +0.06 = 0.095(m)

保温层的体积 = 223.98×0.095 = 21.28(m^3)

6)防水层工程量

平屋顶坡度较小,排水缓慢,要加强面层的防水构造处理。平屋顶一般选用防水性能好和单块面积较大的屋面防水材料,并采取有效的接缝处理措施来增强屋面的抗渗能力。目前,在工程中常用的有柔性防水和刚性防水两种形式。

(1)卷材防水屋面

①防水材料的种类。防水卷材通常有石油沥青卷材、高聚物改性沥青卷材、氯化聚乙烯-橡胶共混卷材、氯化聚乙烯防水卷材、SBC 复合卷材、三元乙丙橡胶卷材、防水柔毡、屋面涂刷着色剂保护层、屋面点粘油毡保护层等。

综合单价根据具体的施工工艺进一步做了细分,如氯化聚乙烯-橡胶共混卷材根据具体的施工方法有满铺、空铺、点铺、条铺几种施工工艺,综合单价根据这几种施工工艺设置了满铺、空铺、点铺、条铺氯化聚乙烯-橡胶共混卷材的综合单价子目。

②卷材防水层工程量的计算。卷材屋面工程量按图示尺寸面积以"m^2"计算(平屋面按水平投影面积计算;坡屋面按水平投影面积乘以坡度系数计算),但不扣除房上烟囱、风帽底座、风道、斜沟等所占面积;屋面的女儿墙、伸缩缝和天窗等处弯起部分的面积应按图示尺寸并入屋面工程量计算,如图纸无规定时,伸缩缝、女儿墙可按 250 mm 计算,天窗部分可按 500 mm 计算。

工程量计算公式为:

a. 有挑檐无女儿墙时:

防水层工程量 = 屋面层建筑面积 +(外墙外边线长 + 檐宽 ×4)× 檐宽 + 弯起面积

b. 有女儿墙、无挑檐时:

防水层工程量 = 屋面层建筑面积 − 外墙中心线长 × 女儿墙厚 + 弯起面积

c. 有女儿墙、有挑檐时:

防水层工程量 = 屋面层建筑面积 +(外墙外边线长 + 檐宽 ×4)× 檐宽 − 外墙中心线长 × 女儿墙厚 + 弯起面积

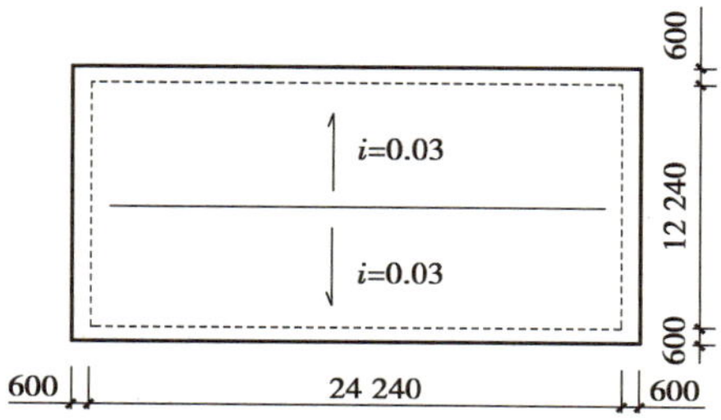

图 4.76　屋面卷材防水示意图

【例 4.13】如图 4.76 所示,屋面卷材防水工程量清单为 314.9 m^2,试用清单计价法计算屋面卷材防水分项工程的综合单价。屋面做法:

(1)20 mm 厚 1∶3 水泥砂浆找平层。

(2)干铺 1∶8 水泥炉渣,最薄处厚度为 60 mm。

(3)100 mm 厚加气混凝土块。

(4)20 mm 厚 1∶2.5 水泥砂浆找平层。

(5)3 mm 厚溶剂型 SBS 改性沥青防水卷材(图中虚线为外墙的外边线)。

解:根据屋面做法,选择屋面防水卷材项目 010902001001、屋面保温 011001001001 清单,并进行相应组价,具体如下:

防水卷材项目 010902001001:

11-27-3:20 mm 厚 1∶3 水泥砂浆找平层

11-29-2:20 mm 厚 1∶2.5 水泥砂浆找平层

8-36:3 mm 厚溶剂型 SBS 改性沥青防水卷材

屋面卷材防水分项工程综合单价分析见表 4.29。

屋面保温 011001001001:

9-6-2:干铺 1∶8 水泥炉渣,最薄处厚度为 60 mm

9-2:100 mm 厚加气混凝土块

屋面保温分项工程综合单价分析见表 4.30。

(2)涂膜防水屋面

①涂膜防水材料的种类。综合单价中设置的涂膜防水材料有聚氨酯涂料、氯丁橡胶沥青涂料、SBS 改性沥青涂料、塑料油膏玻璃纤维布防水、屋面板上满涂塑料油膏、屋面防水粉隔离层、屋面塑料油膏嵌缝等综合单价子目。

表 4.29　屋面卷材防水分项工程综合单价分析表

工程名称:单位工程　　　　标段:未命名

项目编码		010902001001		项目名称		屋面卷材防水		计量单位	m^2	工程量	100
清单综合单价组成明细											
定额编号	定额名称	定额单位	数量	单价				合价			
				人工费	材料费	机械费	管理费和利润(费率)	人工费	材料费	机械费	管理费和利润
11-27-3	水泥砂浆 1∶3 在混凝土或硬基层上 厚度 20 mm	m^2	1	6.47	8.08	0.49	40.37%	6.47	8.08	0.49	2.81
11-28-2	水泥砂浆 1∶2.5 在填充材料上 厚度 20 mm	m^2	1	6.65	10.17	0.6	40.37%	6.65	10.19	0.6	2.93
8-36	改性沥青卷材(SBS-Ⅰ)满铺厚度 4 mm	m^2	1	4.45	47.23	0	40.37%	4.45	47.23	0	1.79
人工费调整								0.54	—	—	—
材料费价差								—	0	—	—
机械费调整								—	—	0	—
人工单价		小计						118.11	65.5	1.09	7.53
二类工 90 元/工日;三类工 80 元/工日;一类工 94 元/工日		未计价材料费						0			
清单项目综合单价								92.23			

续表

	主要材料名称、规格、型号	单位	数量	单价/元	合价/元	暂估单价/元	暂估合价/元
材料费明细	水	m^3	0.012	3.58	0.04		
	普通硅酸盐水泥 32.5	kg	22.155 6	0.41	9.08		
	水	m^3	0.016 5	3.58	0.06		
	砂	m^3	0.055 1	164.96	9.08		
	汽油	kg	0.24	7.37	1.77		
	改性沥青卷材(SBS-Ⅰ)4 mm 厚	m^2	1.115	30.89	34.44		
	改性沥青黏结剂	kg	0.557 5	14.03	7.82		

注:①如不使用省级或行业建设主管部门发布的计价依据,可不填定额编号、名称等。

②招标文件提供了暂估单价的材料,按暂估的单价填入表内“暂估单价”栏及“暂估合价”栏。

表 4.30　屋面保温分项工程综合单价分析表

工程名称:单位工程　　　　标段:未命名

项目编码		011001001001		项目名称		保温隔热屋面		计量单位	m^2	工程量	100
清单综合单价组成明细											
定额编号	定额名称	定额单位	数量	单价				合价			
				人工费	材料费	机械费	管理费和利润（费率）	人工费	材料费	机械费	管理费和利润
9-6-2	水泥炉渣 1∶8	m^3	0.478	65.66	224.97	0	40.37%	31.39	107.54	0	12.67
9-2	屋面 加气混凝土浆砌	m^3	3.15	38.33	248.22	0	40.37%	120.74	781.89	0	48.73
人工费调整								3.45	—	—	—
材料费价差								—	0	—	—
机械费调整								—	—	0	—
人工单价		小计						155.58	889.43	0	61.4
二类工 90 元/工日		未计价材料费						0			
清单项目综合单价								1 106.41			

续表

	主要材料名称、规格、型号	单位	数量	单价/元	合价/元	暂估单价/元	暂估合价/元
材料费明细	水	m^3	0.031 5	3.58	0.11		
	普通硅酸盐水泥 32.5	kg	256.564	0.41	105.19		
	水	m^3	0.307 9	3.58	1.1		
	砂	m^3	0.480 2	164.96	79.22		
	炉渣	m^3	0.632 5	107.73	68.14		
	加气混凝土块	m^3	2.973 6	213.77	635.67		
	材料费小计			—	889.43	—	0

注:①如不使用省级或行业建设主管部门发布的计价依据,可不填定额编号、名称等。

②招标文件提供了暂估单价的材料,按暂估的单价填入表内“暂估单价”栏及“暂估合价”栏。

②涂膜防水层工程量计算。涂膜防水层工程量计算同卷材防水层。涂膜屋面的油膏嵌缝、玻璃布盖缝、屋面分格缝,按设计图示尺寸以长度计算。

(3)刚性防水屋面

综合单价中设置的刚性防水材料有屋面防水砂浆、素水泥浆、细石防水混凝土 3 个综合单价子目。

刚性防水层工程量按图示尺寸以面积计算,不扣除房上烟囱、风帽底座、风道等所占面积。

【例 4.14】如图 4.77 所示,屋面做法:钢筋混凝土屋面板;1∶8 水泥珍珠岩找 2% 坡;20 mm 厚 1∶3 水泥砂浆,砂浆中掺聚丙烯;3 mm 厚高聚物改性沥青卷材满铺。请计算其清单工程量。

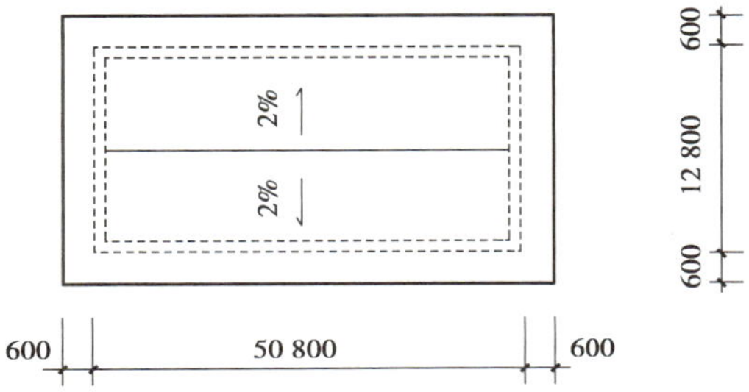

图 4.77　钢筋混凝土屋面板图

解:(1)1∶8 水泥珍珠岩找 2% 坡的保温层

保温层工程量 = (50.8+1.2)×(12.8+1.2)×[(12.8+1.2)÷4×2% +0.07] = 101.92(m^3)

(2)20 mm 1∶3 水泥砂浆找平层

找平层工程量 = (50.8+1.2)×(12.8+1.2) = 728(m^2)

(3)高聚物改性沥青卷材防水层

卷材防水层工程量 = (50.8+1.2)×(12.8+1.2) = 728(m^2)

【例 4.15】某屋面(两房间尺寸:9 000×6 000,9 000×3 900)防水层三毡四油,刷冷底子油一道,热沥青玛蹄脂两道,隔热楼地面 1∶8 膨胀珍珠岩保温层 40 mm 厚,混凝土基面上找平层 20 mm 厚,保温层上找平层 15 mm 厚;屋面坡度 2%,屋面板上结构总厚 120 mm。请确定其防水层清单工程量。

解:防水层清单工程量:

(9−0.24)×(6−0.24)+(9−0.24)×(3.9−0.24) = 82.52(m^2)

7)屋面排水的方式

屋面排水是指通过屋面的导水装置,将屋面的雨、雪水迅速排出,避免产生屋面积水的措施。在建筑工程中,屋面排水分为有组织排水和无组织排水两种方式。如图 4.78 所示为无组织外排水。

①无组织排水,又称自由落水,是将屋面板伸出墙外形成挑檐,屋面的雨水经挑檐自由下落。无组织排水易淋湿墙面及门窗,仅适用于二、三层房屋或次要建筑。

②有组织排水,是将屋面按不同坡向划分为若干排水区域,使雨水集中至屋面檐沟或天沟内,再经落水口、落水管等导水装置将雨水导至地面排水系统。根据落水管在室内、室外,

划分为内排水和外排水，一般民用建筑落水管多设在室外。

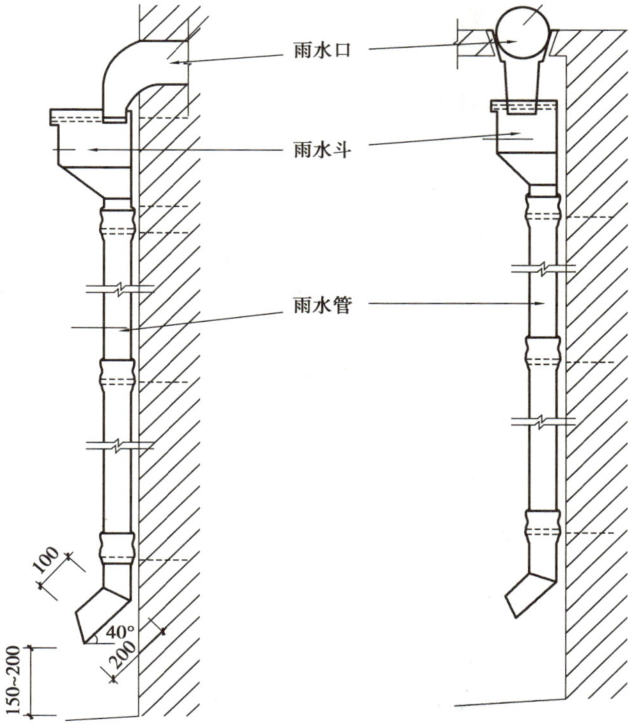

图 4.78 屋面排水示意图

4.8.2 硬聚氯乙烯(PVC)制品排水

(PVC)水落管工程量，按设计图示尺寸长度以“延长米”计算。

(PVC)水斗工程量，按设计图示数量以“个”计算。

(PVC)落水口工程量，按设计图示数量以“个”计算。

(PVC)弯头工程量，按设计图示数量以“个”计算。

4.8.3 墙、地面防水、防潮工程

楼地面防水、防潮层和找平层按设计图示主墙间的净空面积计算。扣除凸出地面构筑物、设备基础、室内铁道、地沟等所占面积，不扣除间壁墙和 0.3 m^2 以内的柱、垛、附墙烟囱及孔洞所占面积。门洞、空圈、暖气包槽、壁龛的开口部分不增加面积。与墙面连接处高度在 500 mm 以内者按展开面积计算，并入平面工程量内；超过 500 mm 时，按立面防水层计算。

墙面(墙基)防水、防潮层和找平层按设计图示外墙中心线、内墙净长线长度乘以高(宽)度以面积计算。

变形缝(伸缩缝)按设计图示尺寸以长度计算。外墙伸缩缝如内外双面填缝者，工程量按双面计算。

项目 5　装饰装修工程计量与计价

任务 1　楼地面装饰工程

5.1.1　楼地面装饰工程清单项目、定额项目设置

楼地面工程清单项目、定额项目设置如图 5.1、图 5.2 所示。

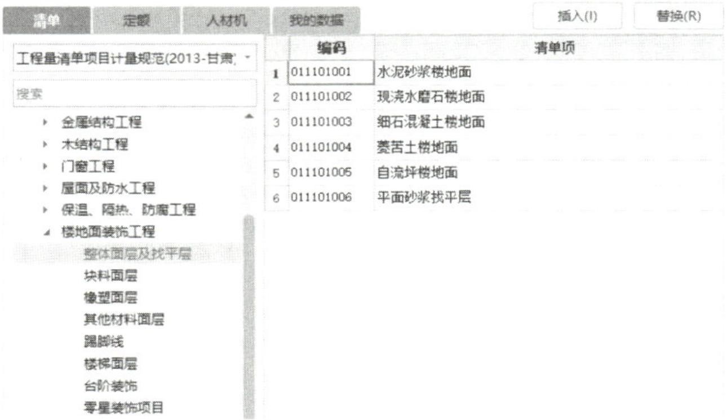

图 5.1　楼地面装饰工程清单项目设置

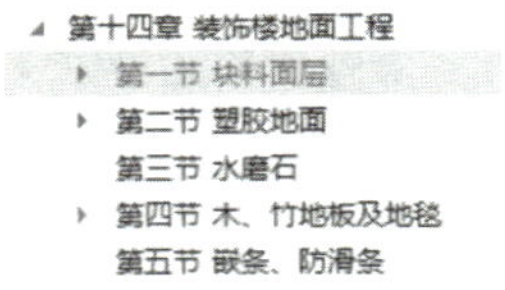

图 5.2　楼地面装饰工程定额项目设置

5.1.2　楼地面工程量计算规则

1)楼地面面层(图 5.3)

(1)计算规则

楼地面装饰面积按饰面的净面积计算,不扣除 0.1 m^2 以内的孔洞所占面积。拼花部分按实贴面积计算。

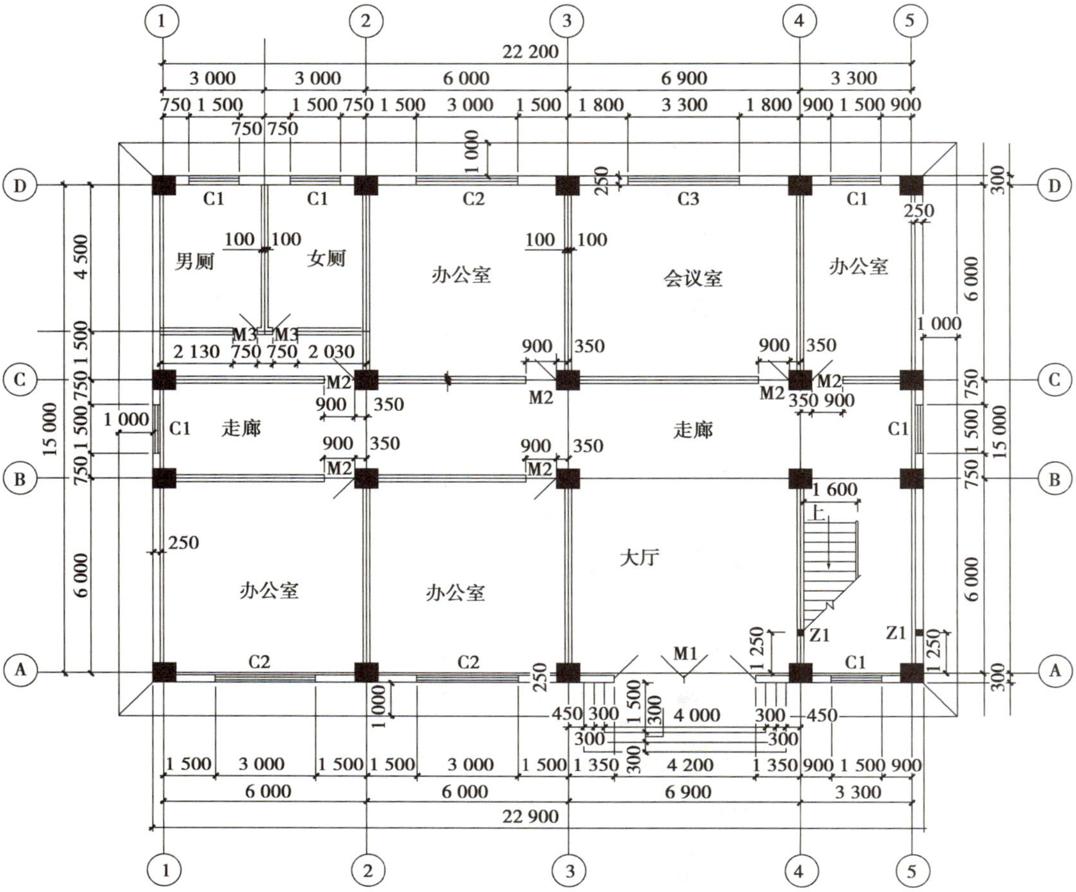

图 5.3　楼地面面层图

(2)计算公式

楼地面面层工程量=房间净长×房间净宽-0.1 m^2 以上的孔洞所占面积

2)楼梯面层

(1)计算规则

楼梯面积(包括踏步、休息平台以及小于 50 mm 宽的楼梯井)按水平投影面积计算。

(2)计算公式

楼梯面层工程量=楼梯间水平投影净面积-大于 50 mm 宽楼梯井面积

对螺旋楼梯的水平投影面积,可按下式计算:

$$螺旋楼梯水平投影面积=BH\sqrt{1+\left(\frac{2\pi R_{平}}{h}\right)^{2}}$$

式中　B——楼梯宽度;

H——螺旋梯全高;

h——螺距;

$R_{平}=\frac{R+r}{2}$，r 为内圆半径，R 为外圆半径。

螺旋楼梯的内外侧面面积等于内（外）边螺旋长乘侧面高。

$$内边螺旋长=H\sqrt{1+\left(\frac{2\pi r}{h}\right)^2}$$

$$外边螺旋长=H\sqrt{1+\left(\frac{2\pi R}{h}\right)^2}$$

3）台阶面层

（1）计算规则

台阶面层（包括踏步及最上一层踏步沿 300 mm）按水平投影面积计算。

（2）计算公式

台阶面层工程量=（台阶水平投影长+300 mm）×台阶宽

（3）说明

①台阶面层的工程量以其水平投影面积计算，仅包括台阶踏步及最上一层踏步沿水平方向外加 300 mm 计算，如图 5.4 所示。

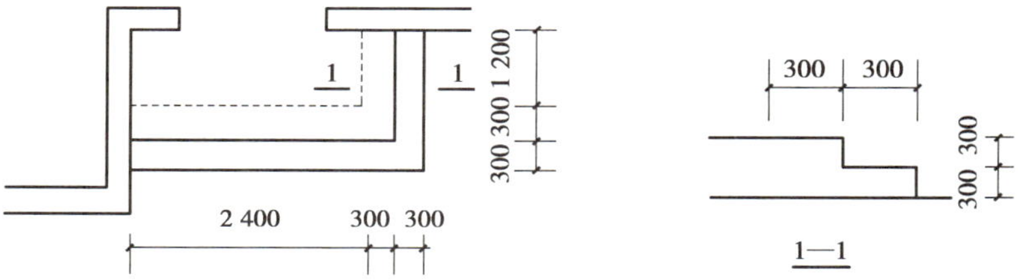

图 5.4　花岗石台阶示意图

②台阶面层的工程量不包括牵边及牵边侧面装饰的工程量。牵边是指台阶两旁防止雨水直接从踏步两旁流下的设施，如图 5.5 所示。

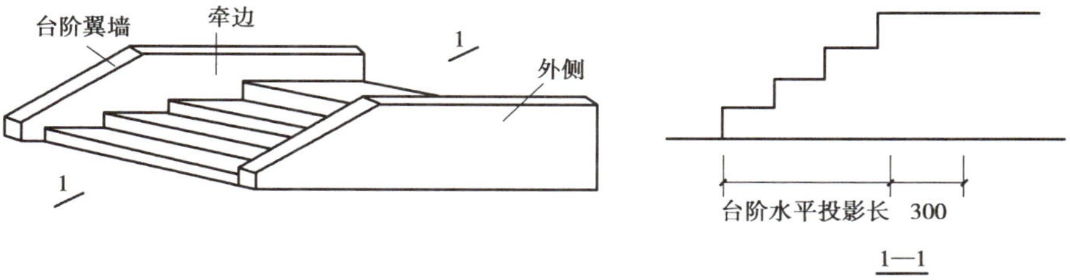

图 5.5　台阶、牵边示意图

③台阶定额中已包括一般防滑槽，如设计说明用其他材料做防滑条时，材料另计，其他工料机械用量不变。

4）踢脚线

（1）计算规则

踢脚线按实贴长乘以高度以“m^2”计算。成品踢脚线按实贴延长米计算。楼梯踢脚线按相应定额乘以 1.15 系数。

(2)计算公式

$$楼地面踢脚线工程量=实贴长\times踢脚板高$$

$$楼地面踢脚线工程量(成品)=实贴延长米$$

$$楼梯踢脚线工程量=实贴长\times踢脚板高\times1.15$$

$$楼梯踢脚线工程量(成品)=实贴长\times踢脚板高\times1.15$$

5)栏杆、栏板、扶手、弯头

(1)计算规则

栏杆、栏板、扶手均按其中心线长度以延长米计算,计算扶手时不扣除弯头所占长度。

(2)计算公式

$$栏杆、栏板、扶手工程量=各跑楼梯水平投影长度\times斜长系数+平台栏杆、栏板、扶手长度$$

6)弯头

弯头工程量计算规则:弯头按个计算。

7)其他项目工程量计算规则

(1)计算规则

①点缀按个计算,计算主体铺贴地面面积时,不扣除点缀所占面积。

②零星项目按实铺面积计算。

(2)说明

①点缀是指4块块料的角相聚在同一点上时镶嵌出不同颜色正方形点缀块的装饰,如图5.6所示。

②镶拼面积小于0.015 m^2 的石材执行点缀定额。

③零星项目适用于楼梯侧面、台阶牵边、小便池、蹲台、池槽以及面积在1 m^2 以内且定额未列出的项目。

5.1.3 定额项目划分

楼地面工程定额项目主要从两个方面划分:一是按部位划分,如地面、台阶、楼梯、栏杆、踢脚线等;二是按材料划分,如大理石、花岗岩、预制水磨石、地砖、地毯、木地板、不锈钢栏杆等。块料楼地面的定额子目如图5.7所示,大理石楼地面的定额项目如图5.8所示。

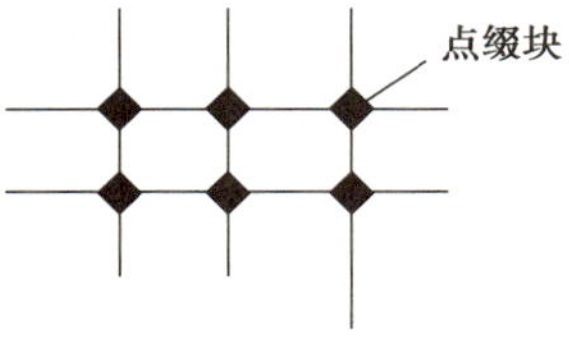

图5.6　点缀块装饰示意图

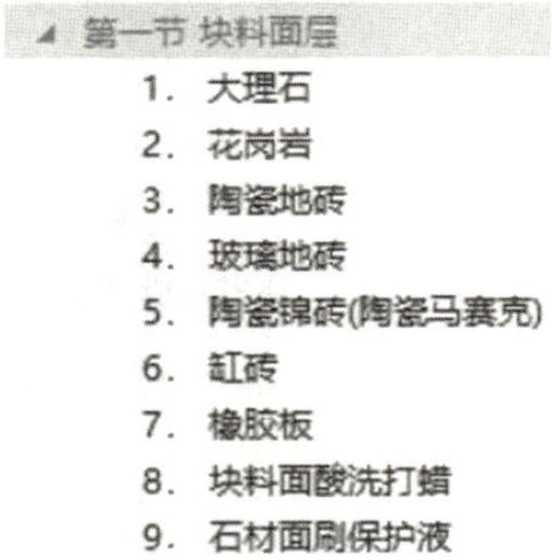

◢ 第一节 块料面层

1. 大理石
2. 花岗岩
3. 陶瓷地砖
4. 玻璃地砖
5. 陶瓷锦砖(陶瓷马赛克)
6. 缸砖
7. 橡胶板
8. 块料面酸洗打蜡
9. 石材面刷保护液

图5.7　块料楼地面的定额子目

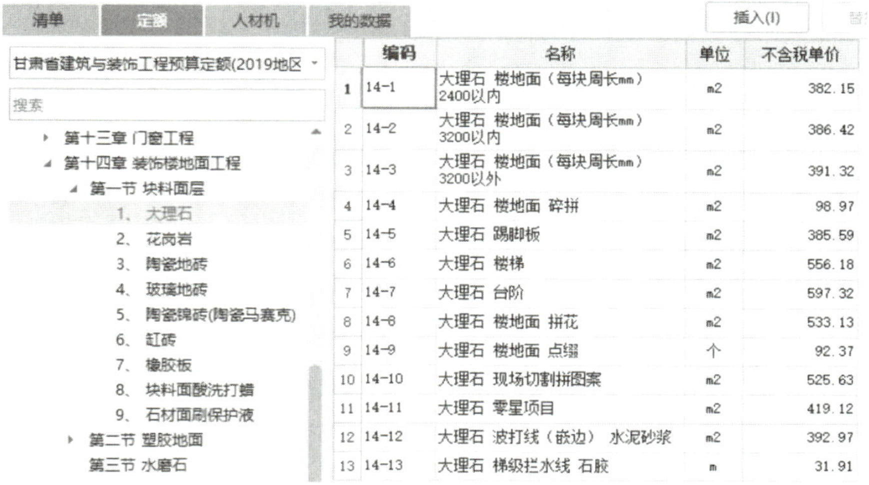

	编码	名称	单位	不含税单价
1	14-1	大理石 楼地面（每块周长mm）2400以内	m2	382.15
2	14-2	大理石 楼地面（每块周长mm）3200以内	m2	386.42
3	14-3	大理石 楼地面（每块周长mm）3200以外	m2	391.32
4	14-4	大理石 楼地面 碎拼	m2	98.97
5	14-5	大理石 踢脚板	m2	385.59
6	14-6	大理石 楼梯	m2	556.18
7	14-7	大理石 台阶	m2	597.32
8	14-8	大理石 楼地面 拼花	m2	533.13
9	14-9	大理石 楼地面 点缀	个	92.37
10	14-10	大理石 现场切割拼图案	m2	525.63
11	14-11	大理石 零星项目	m2	419.12
12	14-12	大理石 波打线（嵌边） 水泥砂浆	m2	392.97
13	14-13	大理石 梯级拦水线 石胶	m	31.91

图5.8　大理石楼地面的定额项目

任务2　墙、柱面装饰与隔断、幕墙工程

5.2.1　墙、柱面装饰工程清单项目、定额项目设置

墙、柱面装饰工程清单和项目(图5.9—图5.12)主要从3个方面划分:一是按抹灰施工工艺划分,即将工艺上有相同之处、材料上有相近之处的装饰抹灰项目归为一类;二是按镶贴施工工艺划分,即将镶贴施工工艺相近、工作内容和操作程序有相似之处的镶贴块料项目归为一类;三是按龙骨类型和饰面材料的不同划分,龙骨可分为木龙骨基层和轻钢龙骨基层等,饰面可分为墙纸、丝绒、人造革、塑料板、胶合板、硬木条、石膏板、竹片、镜面玻璃等面层。

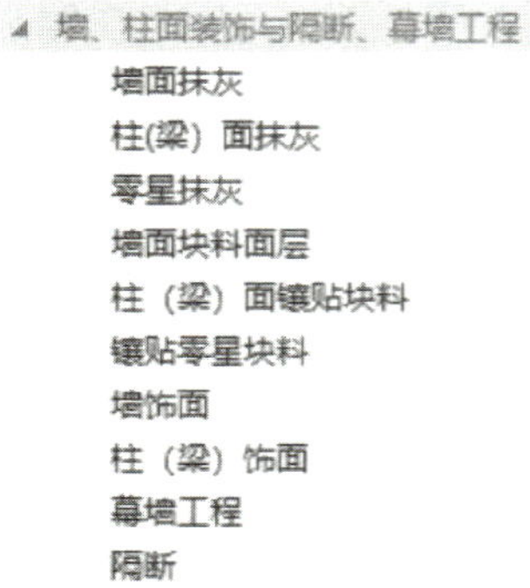

图5.9　墙柱面装饰工程清单构成

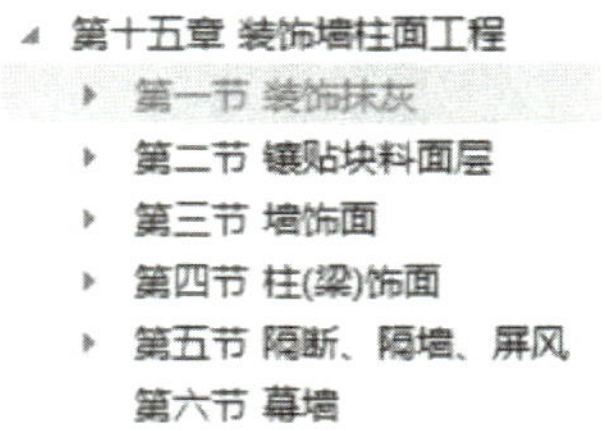

图5.10　墙柱面装饰工程定额构成

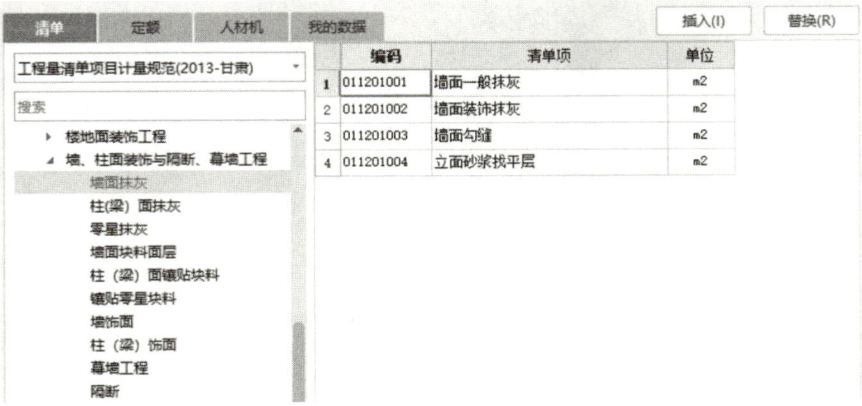

图 5.11　墙面抹灰工程清单项目设置

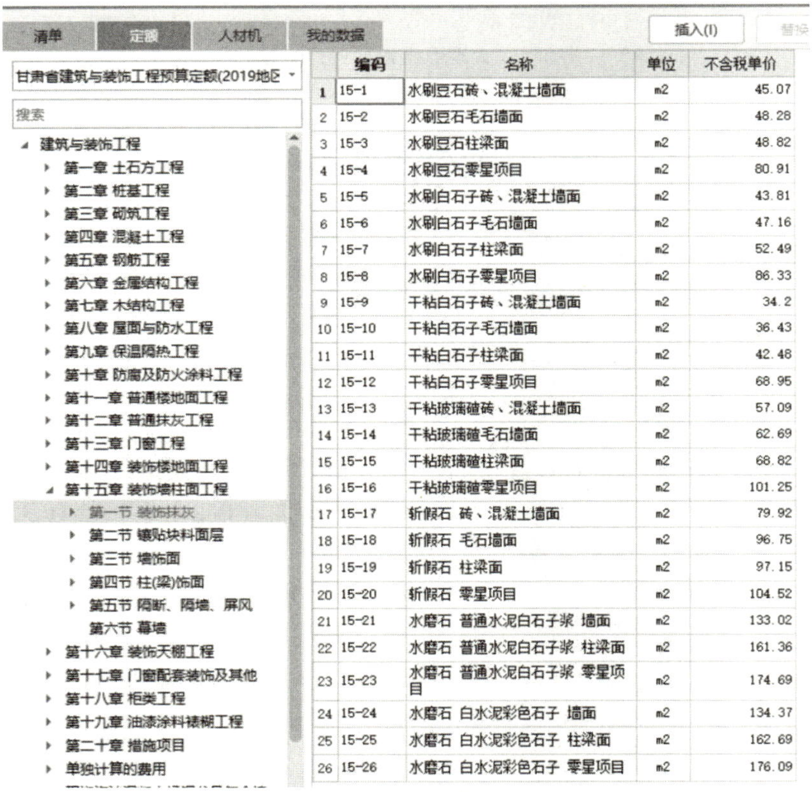

图 5.12　装饰抹灰工程定额项目设置

5.2.2　墙、柱面装饰工程量计算规则

1）外墙面装饰抹灰

（1）计算规则

外墙面装饰抹灰面积按垂直投影面积计算，扣除门窗洞口和 0.3 m^2 以上的孔洞所占的

面积,门窗洞口及孔洞侧壁面积不增加。附墙柱侧面抹灰面积并入外墙抹灰面积工程量内。

(2)计算公式

外墙面抹灰面积 = 外墙长($L_{外}$)×外墙高−门窗洞口、空圈面积−外墙裙面积和大于 0.3 m^2 孔洞面积+垛、梁、柱侧面积

其中:

①外墙长指外墙外边线长度。

②外墙高有以下几种情形:

a. 有挑檐天沟,由室外地坪算至挑檐下皮,如图 5.13 所示。

b. 无挑檐天沟,由室外地坪算至压顶板下皮,如图 5.14 所示。

c. 坡屋面带檐口顶棚者,由室外地坪算至檐口顶棚下皮,如图 5.15 所示。

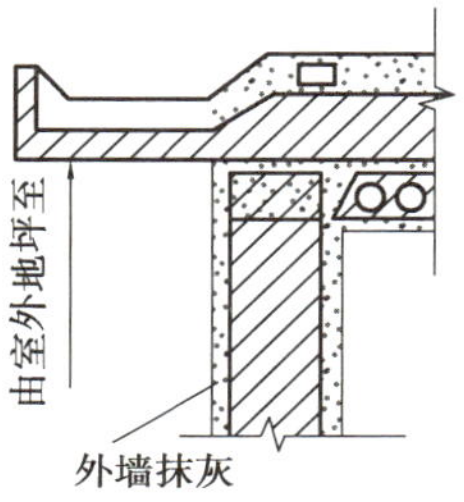

图 5.13　外墙抹灰计算高度示意图(有挑檐天沟)

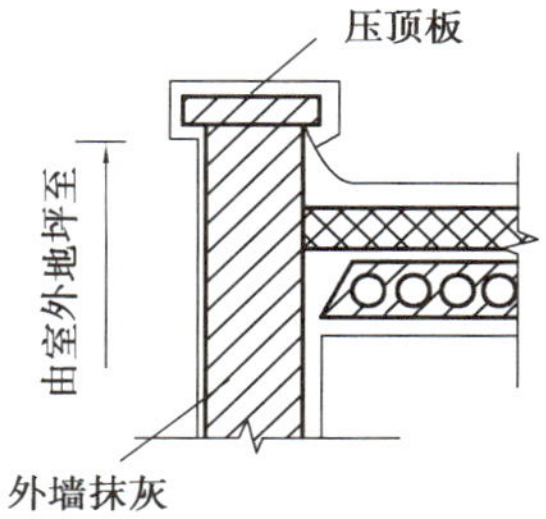

图 5.14　外墙抹灰计算高度示意图(无挑檐天沟)

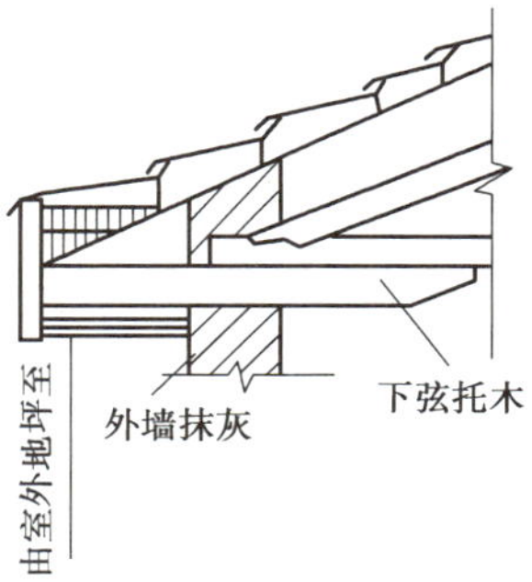

图 5.15　外墙抹灰计算高度示意图(坡屋面带檐口顶棚)

2)柱抹灰、柱饰面

(1)计算规则

①柱抹灰按结构断面周长乘高计算。

②柱饰面面积按外围饰面尺寸乘以高度计算。

③除定额已列有柱帽、柱墩的项目外,其他项目的柱帽、柱墩工程量按设计图示尺寸以展开面积计算,并入相应柱面积内,每个柱帽或柱墩另增人工:抹灰 0.25 工日,块料 0.38 工日,饰面 0.5 工日。

(2)计算公式

柱抹灰工程量=柱结构断面周长×柱抹灰高

方柱饰面层工程量=$(a+b)\times2\times$柱饰面高(图 5.16)

圆柱饰面层工程量=$\pi D\times$柱饰面高(图 5.17)

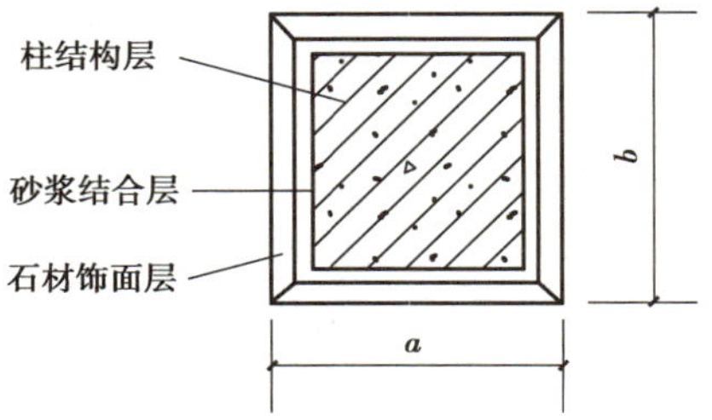

图 5.16　方柱饰面层计算示意图

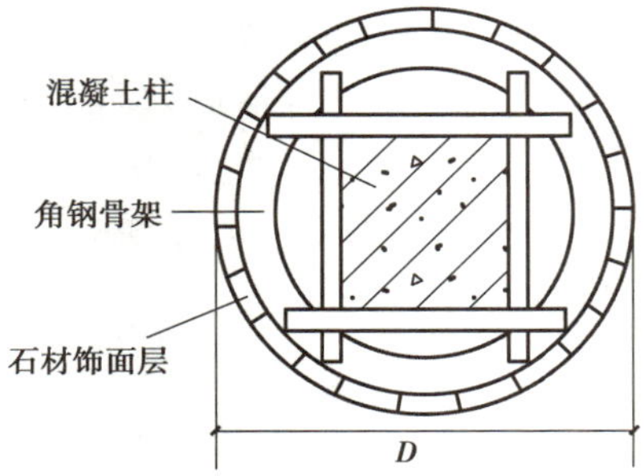

图 5.17　圆柱饰面层计算示意图

3)墙面贴块料面层

(1)计算规则

墙面贴块料面层,按实贴面积以"m^2"计算。

(2)说明

①块料实贴面积是指该墙体的块状材料贴多少就按多少计算,凡是未贴部分一律扣除。

②墙面贴块料、饰面高度在 300 mm 以内者,按踢脚板定额执行。

【例 5.1】某外墙面装饰工程贴浅色墙面砖,其正立面图如图 5.18 所示,平面如 5.19 所示,请计算正立面外墙面装饰工程量(窗侧壁尺寸见图 5.20,门侧壁尺寸见图 5.21)。已知:窗 C1 洞口尺寸为 1.80 m×1.80 m,门 M2 洞口尺寸为 2.70 m×1.80 m。

图 5.18　正立面图

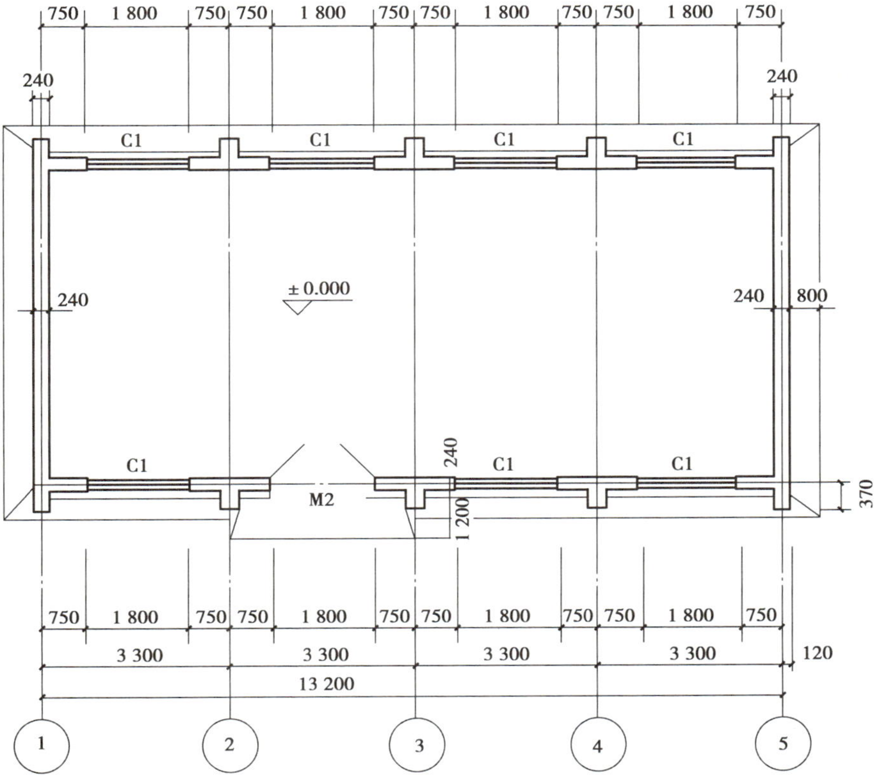

图 5.19　平面图

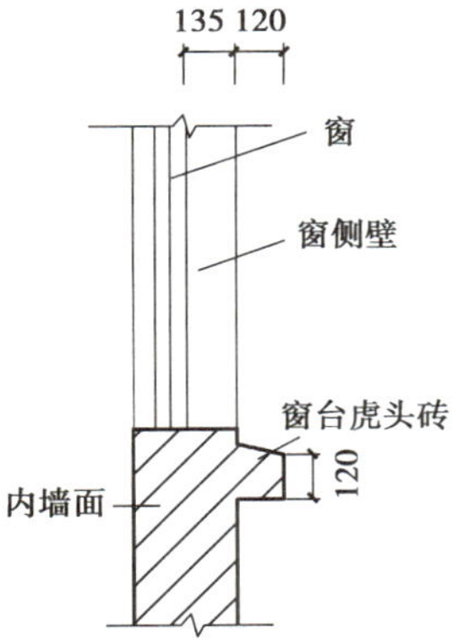

图 5.20　窗侧壁示意图

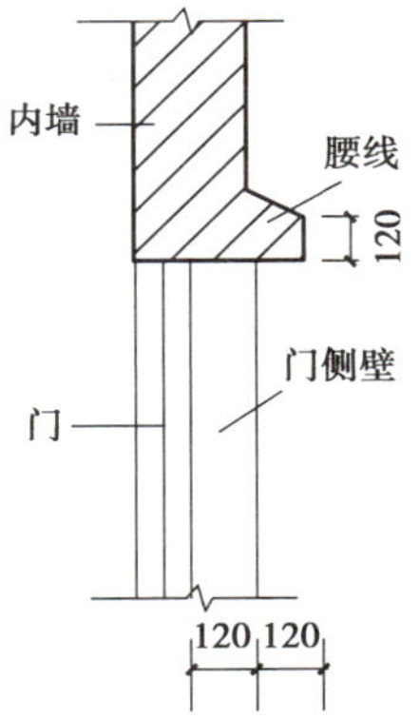

图 5.21　门侧壁示意图

解： 由图示和题意可知，此图正立面外墙中心线长 13.2 m，檐口高度 9.2 m，门窗洞口有 12 个，其中 M2 有 1 樘，C1 有 11 樘，通常门窗均布置于墙体中心线，故洞口侧壁宽度为半个墙厚。

外墙外边线长：13.2+0.24=13.44(m)

外墙面正立面装饰工程量(实贴面积) = 垂直投影面积−该墙面洞口面积之和+门窗洞口侧壁面积之和

$$= 13.44\times9.2-2.7\times1.8-11\times1.8\times1.8+(2.7\times2+1.8)\times0.12+11\times(1.8+1.8)\times2\times0.12$$

$$= 123.648-4.86-35.64+0.864+9.504$$

$$= 93.516(\text{m}^2)$$

由此可见,外墙面正立面装饰工程量为 93.516 m^2。

注:腰线、窗台线贴面砖执行“零星项目”。

4)其他项目抹灰

(1)计算规则

①女儿墙(包括泛水、挑砖)、阳台栏板(不扣除花格所占孔洞面积)内侧抹灰按垂直投影面积乘以系数 1.10,带压顶者乘以系数 1.30,按墙面定额执行。

②装饰抹灰分格、嵌缝按装饰抹灰面面积计算。

(2)说明

①女儿墙高度可按设计高度计算,如设计未注明,一般取 900 mm。女儿墙装饰抹灰执行相应的墙面装饰抹灰定额项目。

②阳台栏板(不扣除花格所占孔洞面积)内侧抹灰按垂直投影面积乘以系数 1.10 计算工程量,执行相应的墙面抹灰定额项目。

③分格是指在墙面上粘贴分格条,使墙面抹灰面形成许多分格缝。嵌缝则是用填缝材料将分格缝填实的施工过程。定额中的填缝材料为玻璃。分格、嵌缝按装饰抹灰面面积计算工程量。

5)零星项目

(1)计算规则

①“零星项目”按设计图示尺寸以展开面积计算。

②挂贴大理石、花岗岩中其他零星项目的花岗岩、大理石是按成品考虑的,花岗岩、大理石柱墩、柱帽按最大外径周长计算。

(2)说明

①窗台线、门窗套、挑檐、腰线、遮阳板、天沟、雨篷外边线、压顶、扶手等,如果抹灰面展开宽度超过 300 mm 时,以及大便槽、小便槽、洗衣池等都属于“零星项目”,它们的工程量均按图示尺寸的展开面积计算。

②执行“零星项目”有两层含义:一是“零星项目”含有的材料子目,直接套用定额;二是“零星项目”列入的定额子目,按相应的定额水平编制补充定额。

6)隔断

(1)计算规则

①隔断按墙的净长乘净高计算,扣除门窗洞口及 0.3 m^2 以上的孔洞所占面积。

②全玻隔断的不锈钢边框工程量按边框展开面积计算。

③全玻隔断、全玻幕墙如有加强肋者,工程量按其展开面积计算;玻璃幕墙、铝板幕墙以

框外围面积计算。

(2)说明

①隔断用以分割房屋或建筑物内部大空间，其作用是使空间大小更加合适，并保持通风采光效果。一般要求隔断自重轻、厚度薄、拆移方便，并具有一定的刚度和隔声能力。隔断按使用材料区分有木隔断、石膏板隔断等。

②全玻隔断以不锈钢为材料，其工程量应以边框展开面积计算；而玻璃隔断的外框无论是什么材料，其工程量均应以外边框线尺寸计算面积。玻璃隔断所用玻璃按设计要求选用，常用的有平板玻璃、磨砂玻璃、压花玻璃、彩色玻璃等。其下部做法按设计要求，主要有罩面板、板条墙抹灰和半砖墙抹灰3种。

③木隔断的工程量计算规则与玻璃隔墙的工程量计算规则一致。木隔断的长度是指图示的木隔断的净长，同时木隔断中的门扇面积直接并入隔断面积计算，不必另外列项去套用门窗定额。用于木隔断的木材多为硬质杂木，自重轻、加工方便，可以雕刻成各种花纹，做工精巧、纤细，常用于室内隔断、博古架等。木隔断一般用板条和花饰组合。

④玻璃幕墙中的玻璃按成品玻璃考虑，幕墙中的避雷装置、防火隔离层定额已综合，但幕墙的封边、封顶费用另行计算。玻璃幕墙主要采用各种形式、各种色彩的玻璃作饰面材料，覆盖于建筑的外立面。玻璃幕墙所用饰面材料，其品种有热反射玻璃、双层玻璃、中空玻璃、浮法透明玻璃、新型防热片——窗用遮阳绝热薄膜等。

⑤铝合金、轻钢隔墙、幕墙按四框的外围面积以“m^2”计算。四框指铝合金、轻钢隔断、幕墙的4个边框，即上、下横挡，左、右边立梃，四框外围面积即为上横挡顶面到下横挡底面乘以两边立梃外边线之间的距离。

【例5.2】某大厅入口处主隔断构造如图5.22所示，计算其隔断制作工程量。

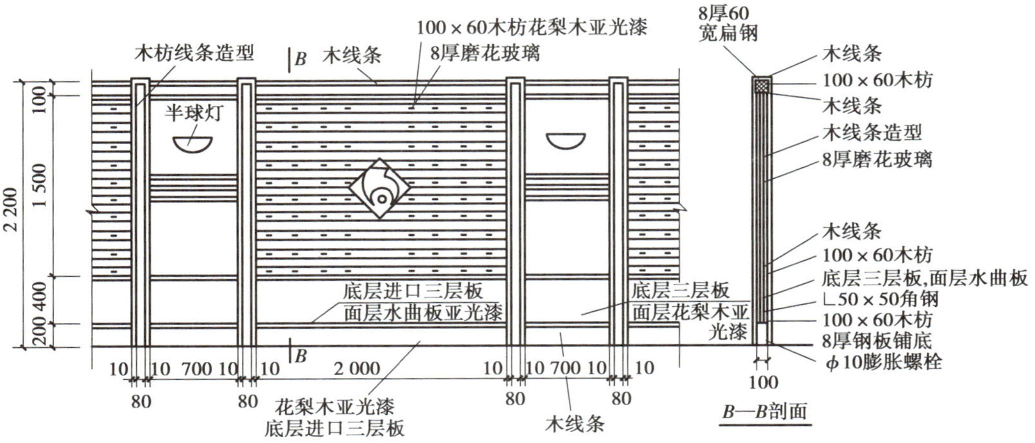

图5.22　某大厅入口处主隔断构造图

解：隔断制作工程量（隔断按墙的净长乘净高计算，扣除门窗洞口及0.3 m^2 以上的孔洞所占面积）：

底层进口三层板工程量$=0.4\times(0.7+2.0+0.4)+0.7\times1.5\times2=3.34(m^2)$

面层水曲板亚光漆工程量$=0.4\times(0.7+2.0+0.4)+0.7\times1.5\times2=3.34(m^2)$

100 mm×60 mm 木枋花梨木哑光漆工程量=2×1.5=3.0(m^2)

木枋线造型工程量=2.2(m/条)×4 条=8.8(m)

8 厚磨花玻璃工程量=1.5×2=3.0(m^2)

木线条工程量=0.7×7×2+2×4=17.8(m)

任务 3　天棚工程

5.3.1　定额项目划分

天棚工程定额项目按其构造组成分为天棚龙骨和天棚饰面两大部分。天棚龙骨按其天棚造型与龙骨材料的不同进行划分,如木龙骨、轻钢龙骨、铝合金龙骨、平面天棚、跌级天棚、艺术造型天棚等。天棚饰面主要按其饰面做法与饰面所用材料不同分项,如板材装饰面层、铝制品装饰面层、格栅天棚、金属网架天棚、玻璃采光天棚等。

5.3.2　天棚工程清单工程量计算规则

1)天棚龙骨

(1)计算规则

①各种吊顶天棚龙骨按主墙间净空面积计算,不扣除间壁墙、检查洞、附墙烟囱、柱、垛和管道所占面积。

②本项目定额中龙骨、基层、面层合并列项的子目,工程量计算规则同①。

(2)计算公式

天棚龙骨工程量=建筑面积-墙体结构面积

2)天棚基层

(1)计算规则

天棚基层按展开面积计算。

(2)说明

天棚基层是介于天棚龙骨与天棚面层之间的中间层,其常用材料有胶合板、石膏板等,如图 5.23 所示。

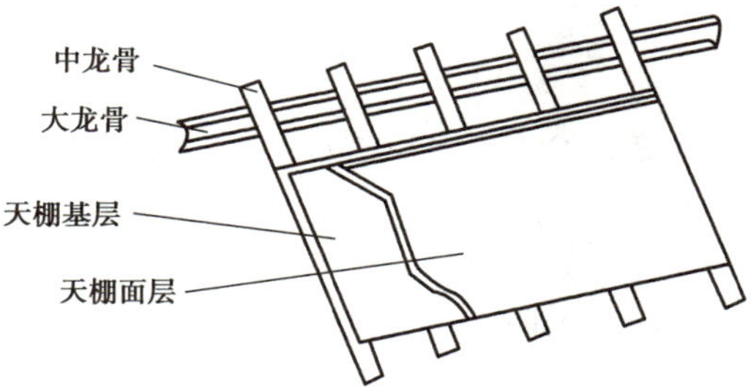

图 5.23　天棚基层示意图

3）天棚面层

（1）计算规则

天棚装饰面层，按主墙间实钉（胶）面积以“m^2”计算，不扣除间壁墙、检查口、附墙烟囱、垛和管道所占面积，但应扣除 0.3 m^2 以上的孔洞、独立柱、灯槽及与天棚相连的窗帘盒所占面积。

（2）计算公式

天棚面层工程量＝主墙间实钉（胶）面积−0.3 m^2 以上的孔洞、独立柱、灯槽及与天棚相连的窗帘盒所占面积

【例 5.3】某大厅天棚如图 5.24 所示，试计算天棚装饰工程量。

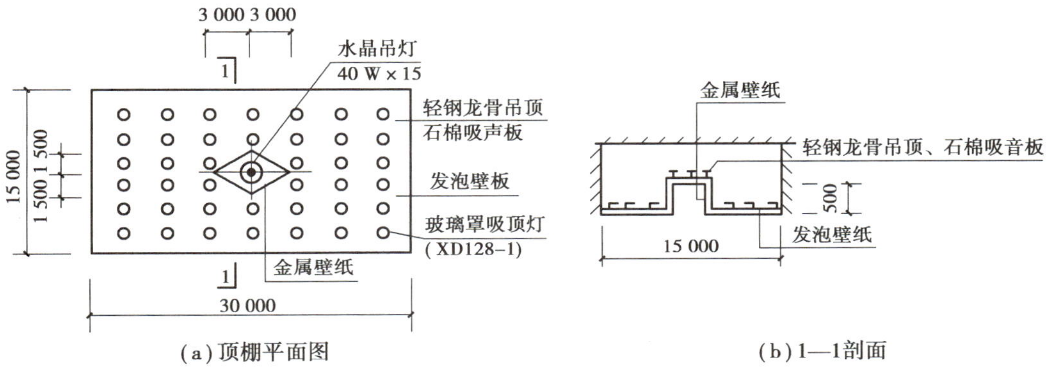

图 5.24　某大厅天棚平面、剖面图

解：轻钢龙骨吊顶工程量$=30\times15-\frac{1}{2}\times(1.5+1.5)\times3\times2$

$=450-9$

$=441(m^2)$

石棉吸声板工程量＝441 m^2。

4）天棚保温层

（1）计算规则

天棚保温层按实铺面积计算。

（2）说明

天棚设置保温层能够起到吸声、防火、保温、隔热、装饰等作用。常见的保温材料有玻璃棉装饰吸声板、矿棉装饰吸声板、聚苯乙烯泡沫塑料板等。

玻璃棉装饰吸声板是以玻璃棉为主要原料，加入适量胶黏剂、防潮剂、防腐剂等，经加压、烘干、表面加工等工序制成的吊顶装饰板材。表面处理通常采用贴附有图案花的 PVC 薄膜、铝箔，薄膜或铝箔有大量开口孔隙，吸声效果较好。

矿棉装饰吸声板又称矿棉装饰板、矿棉吸声板。矿棉装饰吸声板通常有滚花、浮雕、主体、印刷、自然型、米格型等品种。规格有正方形和长方形。尺寸有 500 mm×500 mm，600 mm×600 mm，300 mm×600 mm，600 mm×1 200 mm，300 mm×300 mm 等，厚度 8 ~ 30 mm。

聚苯乙烯泡沫塑料板经混炼、模压、发泡成型而成。图案有凹凸花型、十字花型、四方花型、

圆角型等多种,规格尺寸有 300 mm×300 mm,500 mm×500 mm,600 mm×600 mm,1 200 mm×600 mm 等,厚度 3 ~ 20 mm。

5)网架

(1)计算规则

网架按水平投影面积计算。

(2)说明

装饰网架天棚一般采用不锈钢管、铜合金管等材料加工制作。装饰网架天棚造价较高,一般用于门厅、门廊、舞厅等需要重点装饰的部位。

装饰网架天棚的主要构造是网架杆件组合形式与杆件之间的连接。

因为装饰网架一般不是承重结构,所以杆件的组合形式主要根据所要达到的装饰效果来设计布置。杆件之间的连接可采用类似于结构网架的节点球连接,也可直接焊接,然后用与杆件材质相同的薄板包裹(图 5.25)。

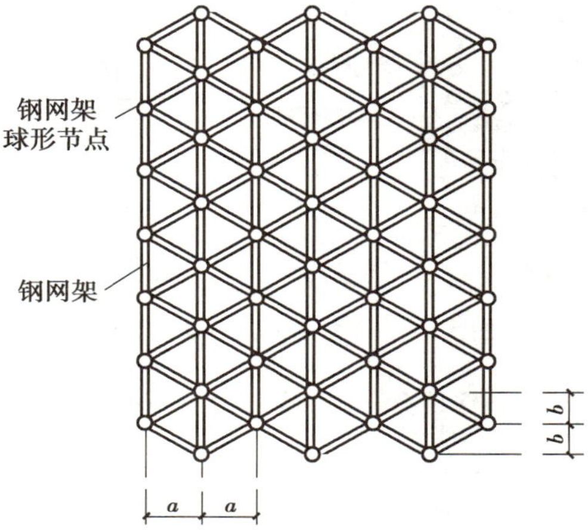

图 5.25　钢网架平面示意图

6)其他

(1)计算规则

①板式楼梯底面的装饰工程量按水平投影面积乘 1.15 系数计算,梁式楼梯底面按展开面积计算。

②灯光槽按延长米计算。

③嵌缝按延长米计算。

(2)说明

①楼梯底部抹灰包括楼梯段底抹灰和平台底抹灰两大部分。平台指两楼梯段之间的水平板(包括斜梁、横梁)。

②面板的嵌缝一般有 3 种形式:对缝(密封)、凹缝(离缝)和盖缝(离缝)。对缝指板与板在龙骨处对接,一般是粘或钉在龙骨上,嵌缝处易产生不平现象,钉距应小于 200 mm,如石膏板对缝可用刨子刨平。凹缝指凹缝,有 V 形和矩形两种,在凹缝中可刷涂颜色,也可加金属装饰板条以增加装饰效果。盖缝指板缝用小龙骨或压条盖住,可避免缝隙宽窄不均现象。

任务4　门窗工程

5.4.1　定额项目划分

门窗工程定额项目按工程内容不同分为门窗制作安装、门框制作安装、门扇制作安装、门窗套、门窗贴脸、门窗筒子板、窗帘盒、窗台板、窗帘轨道、门窗五金安装等项目。同时，门窗工程按材质不同可分为木门窗、铝合金门窗、彩板组角钢门窗、塑料门窗、钢门窗、不锈钢成品门窗等。

5.4.2　门窗清单工程量计算规则

1）铝合金门窗、彩板组角钢门窗、塑钢门窗安装

（1）计算规则

铝合金门窗、彩板组角钢门窗、塑钢门窗安装均按洞口面积以“m^2”计算。纱扇制作安装按扇外围面积计算。

（2）说明

①上述门窗工程量均按设计门窗洞口面积计算，而不是按门窗的框外围面积计算。这是简化工程量计算的一种处理方法，其洞口面积与框外围面积相差的工料，定额中已扣除。

②铝合金门窗安装的定额套用分两种情况：一是购买铝合金门窗型材进行加工，套用铝合金门窗制作安装的定额项目；二是购买铝合金成品门窗，只能套用铝合金成品门窗安装的定额项目。

2）卷闸门安装

（1）计算规则

卷闸门安装按其安装高度乘以门的实际宽度以“m^2”计算。安装高度算至滚筒顶点为准。带卷筒罩的按展开面积增加。电动装置安装以“套”计算。小门安装以个计算，小门面积不扣除。

（2）计算公式

卷闸门安装工程量＝（洞口底至滚筒顶面高）×卷闸门实际宽＋卷筒罩展开面积

卷闸门示意图如图5.26所示。

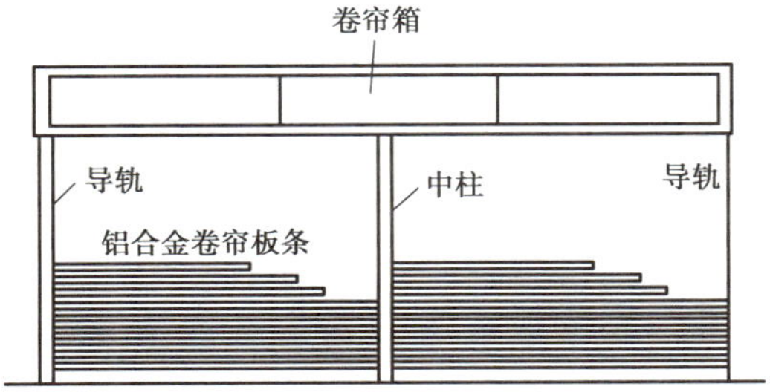

图5.26　某大厅入口处主隔断构造图

3) 防盗门、防盗窗、不锈钢格栅门

(1) 计算规则

防盗门、防盗窗、不锈钢格栅门按框外围面积以"m^2"计算。

(2) 计算公式

外框系数 = 框外围面积÷洞口面积

防盗门、防盗窗、不锈钢格栅门工程量 = 洞口面积×外框系数

(3) 说明

①通常施工图门窗明细表中标注的尺寸为门窗的洞口尺寸，预算编制时，利用门窗洞口面积计算门窗框外围面积，可以提高计算速度。

②金属门窗框边间隙缝宽比木门窗的大，编制定额时木门窗的间隙按 10 mm 考虑，金属门窗等按 25 mm 考虑，无论是先塞框还是后塞框均按定额计算。

4) 成品防火门、防火卷帘门

(1) 计算规则

成品防火门按框外围面积计算，防火卷帘门从地(楼)面算至端板顶点乘设计宽度。

(2) 说明

①成品防火门工程量按框外围面积以"m^2"计算。

②防火卷帘门工程量以"m^2"计算，即从地(楼)面算至端板顶点乘设计宽度。

5) 实木门、装饰门、成品门扇

(1) 计算规则

实木门框制作安装以"延长米"计算。实木门扇制作安装及装饰门扇制作按扇外围面积计算。装饰门扇及成品门扇安装按扇计算。

(2) 说明

①实木门框制作、安装工程量按长度以"延长米"计算。

②实木门扇制作、安装工程量按扇外围面积以"m^2"计算。为了计取构件增值税，扇的制作、安装工程量必须分开计算。

【例 5.4】某工艺木门扇构造如图 5.27 所示，共 5 扇。试计算工艺木门扇工程量。

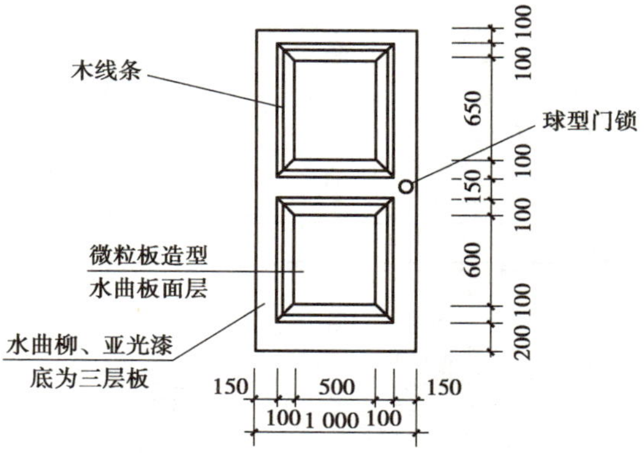

图 5.27　工艺木门扇构造图

解:根据实木门扇制作安装及装饰门扇制作计算规则,以及图示门扇构造详图,需计算扇外围面积,若为成品门,则只需计算扇数。

工艺木门扇工程量(扇外围面积)= 1×(0.2+0.1+0.6+0.1+0.15+0.1+0.65+0.1+0.1)×5

=10.5(m^2)

工艺木门扇及成品门扇安装工程量=5 扇

6)窗台板

窗台板按实铺面积计算。

7)其他

①木门扇皮制隔音面层和装饰板隔音面层,按单面面积计算。

木质装饰板的种类很多,建筑工程中常用的有薄木贴面板、胶合板、纤维板、刨花板、细木工板等。

②不锈钢片包门框、门窗套、花岗岩门套、门窗筒子板按展开面积计算。门窗贴脸、窗帘盒、窗帘轨以"延长米"计算。

一般用于现代装饰工程中的不锈钢薄板装饰面,按实际所包展开面积以"m^2"计算。

③电子感应门及转门按定额尺寸以"樘"计算。

④不锈钢电动伸缩门以樘计算。

⑤门窗筒子板按筒子装饰板的展开面积以"m^2"计算。

门窗筒子板是指设置在室内门窗洞口处,沿内墙面方向的侧壁、顶壁装钉的装饰板,又称堵头板。门窗筒子板如图 5.28 所示。

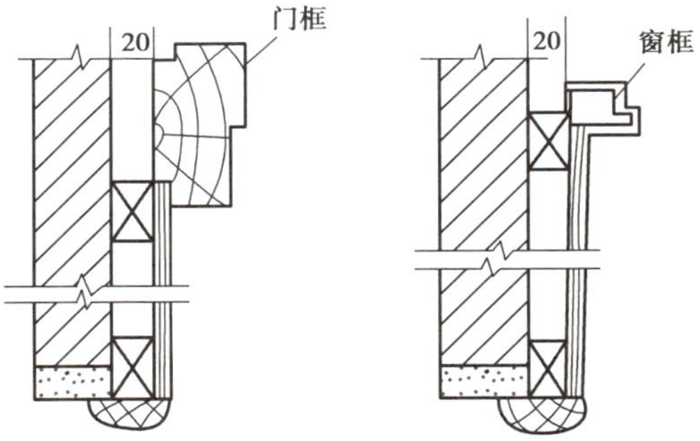

(a)门樘筒子板　　(b)窗樘筒子板

图 5.28　门窗筒子板示意图

⑥门窗贴脸按实际长度计算,若图纸中未标明尺寸时,按门窗外围的长度计算。

门窗贴脸是指内墙面上,盖住门窗框与洞口之间缝隙的条子,其作用是整洁、防止通风,一般用于高级装修。另外,当两扇门窗关闭时,存有缝口,为遮盖此缝口而装钉的木板盖缝条称为盖口条,它装钉在先行开启的一扇门窗上,主要用于遮风挡雨。门窗贴脸如图 5.29 所示。

⑦窗帘盒带棍和单独窗帘棍均按实际长度计算。若设计图纸未注明尺寸,可按窗框外围宽度两端加 30 cm 计算。

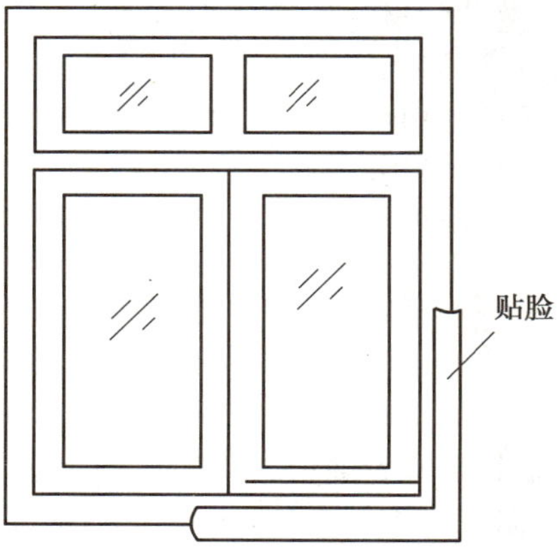

图 5.29　门窗贴脸示意图

窗帘盒是指为了装饰，用来安装窗帘棍、滑轮、拉线的木盒子。窗帘盒有明、暗两种。明窗帘盒（图 5.30）是成品或半成品在施工现场加工安装制成。暗窗帘盒（图 5.31）一般是在房间吊顶装修时，留出窗帘空位，并与吊顶一起完成，只需在吊顶临窗处安装窗帘轨道即可。轨道有单轨和双轨之分。

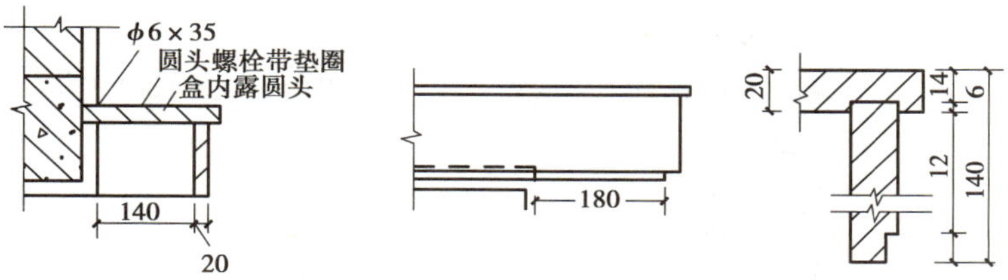

图 5.30　单轨明窗帘盒示意图

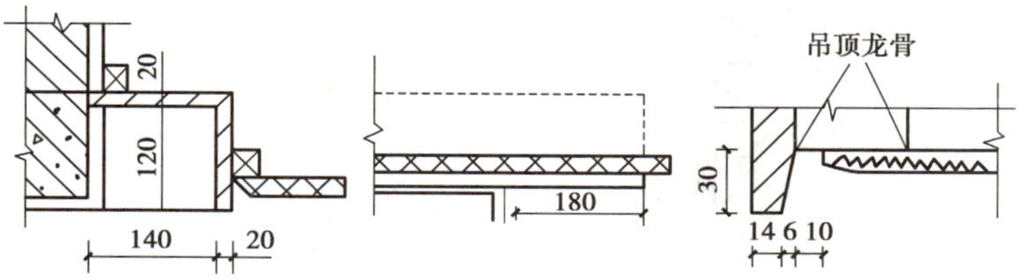

图 5.31　单轨暗窗帘盒示意图

任务 5　油漆、涂料、裱糊工程

5.5.1　定额项目划分

油漆、涂料、裱糊工程定额项目包括木材面油漆、金属面油漆和抹灰面油漆；涂料按涂刷部位不同分为天棚面、墙面、柱面、梁面等涂料分项；裱糊按所用材料不同分为墙纸、金属壁纸、织锦缎等项目。

5.5.2　油漆、涂料、裱糊清单工程量计算规则

1）喷涂、油漆、裱糊

楼地面、天棚、墙、柱、梁面的喷(刷)涂料、抹灰面油漆及裱糊工程，均按表5.1相应计算规则计算。

表5.1　抹灰面油漆、涂料、裱糊计算规则表

项目名称	系数	工程量计算方法
混凝土楼梯底(板式)	1.15	水平投影面积
混凝土楼梯底(梁式)	1.00	展开面积
混凝土花格窗、栏杆花饰	1.82	单面外围面积
楼地面、天棚、墙、柱、梁面	1.00	展开面积

2）木材面油漆

木材面油漆的工程量分别按表5.2—表5.5相应的计算规则计算。

表5.2　执行木门定额工程量系数表

项目名称	系数	工程量计算方法
单层木门	1.00	按单面洞口面积计算
双层(一玻一纱)木门	1.36	
双层(单裁口)木门	2.00	
单层全玻门	0.83	
木百叶门	1.25	

表5.3　执行木窗定额工程量系数表

项目名称	系数	工程量计算方法
单层玻璃窗	1.00	按单面洞口面积计算
双层(一玻一纱)木窗	1.36	
双层框扇(单裁口)木窗	2.00	
双层框=层(二玻一纱)木窗	2.60	
单层组合窗	0.83	
双层组合窗	1.13	
木百叶窗	1.50	

表 5.4 执行木扶手定额工程量系数表

项目名称	系数	工程量计算方法
木扶手(不带托板)	1.00	按延长米计算
木扶手(带托板)	2.60	
窗帘盒	2.04	
封檐板、顺水板	1.74	
挂衣板、黑板框、单独木线条 100 mm 以外	0.52	
挂镜线、窗帘棍、单独木线条 100 mm 以内	0.35	

表 5.5 执行其他木材面定额工程量系数表

项目名称	系数	工程量计算方法
木板、纤维板、胶合板天棚	1.00	长×宽
木护墙、木墙裙	1.00	
窗台板、筒子板、盖板、门窗套、踢脚线	1.00	
清水板条天棚	1.07	
木方格吊顶天棚	1.20	
吸音板墙面、天棚面	0.87	
暖气罩	1.28	
木间壁、木隔断	1.90	单面外围面积
玻璃间壁露明墙筋	1.65	
木栅栏、木栏杆(带扶手)	1.82	
衣柜、壁柜	1.00	按实刷展开面积
零星木装修	1.10	展开面积
梁柱饰面	1.00	展开面积

3)金属构件油漆

金属构件油漆的工程量按构件质量计算。

4)刷防火涂料

①定额中的隔墙、护壁、柱、天棚木龙骨及木地板中木龙骨带毛地板，刷防火涂料工程量计算规则如下：

a. 隔墙、护壁木龙骨按其面层正立面投影面积计算。

b. 柱木龙骨按其面层外围面积计算。

c. 天棚木龙骨按其水平投影面积计算。

d. 木地板中木龙骨及木龙骨带毛地板按地板面积计算。

②隔墙、护壁、柱、天棚面层及木地板刷防火涂料，执行其他木材面刷防火涂料相应子目。

5）木楼梯油漆

木楼梯（不包括底面）油漆，按水平投影面积乘以系数 2.3，执行木地板相应子目。

任务 6　其他工程

5.6.1　定额项目划分

其他工程定额项目包括招牌基层、招牌面层、灯箱基层、灯箱面层、美术字、压条、装饰线条、暖气罩、镜面玻璃、货架、柜类以及各类拆除等。

5.6.2　其他工程清单工程量计算规则

①招牌、灯箱。

a. 平面招牌基层按正立面面积计算，复杂的凹凸造型部分不增减。

b. 沿雨篷、檐口或阳台走向的立式招牌基层，按平面招牌复杂型执行时，应按展开面积计算。

c. 箱体招牌和竖式标箱的基层，按外围体积计算。突出箱外的灯饰、店徽及其他艺术装潢等均另行计算。

d. 灯箱的面层按展开面积以“m^2”计算。

e. 广告牌钢骨架以“t”计算。

②美术字安装按字的最大外围矩形面积以“个”计算。

③压条、装饰线条均按“延长米”计算。

④暖气罩（包括脚的高度在内）按边框外围尺寸垂直投影面积计算。

⑤镜面玻璃安装、盥洗室木镜箱以正立面面积计算。

⑥塑料镜箱、毛巾环、肥皂盒、金属帘子杆、浴缸拉手、毛巾杆安装以“只”或“副”计算。不锈钢旗杆以“延长米”计算。大理石洗漱台按台面投影面积计算（不扣除孔洞面积）。

⑦货架、柜橱类均以正立面的高（包括脚的高度在内）乘以宽以“m^2”计算。

⑧收银台、试衣间等以“个”计算，其他以“延长米”计算。

⑨拆除工程量按拆除面积或长度计算，执行相应子目。

任务7　装饰装修脚手架及项目成品保护费

5.7.1　定额项目划分

装饰装修脚手架及项目成品保护费定额项目主要包括两个部分：一是装饰脚手架，其内容包括满堂脚手架、外脚手架、内墙面粉饰脚手架、安全过道、封闭式安全笆、斜挑式安全笆、满挂安全网；二是项目成品保护费，其内容包括楼地面、楼梯、台阶、独立柱、内墙面等保护。

5.7.2　装饰装修脚手架及项目成品保护费清单工程量计算规则

1)装饰装修脚手架

(1)计算规则

①满堂脚手架，按实际搭设的水平投影面积计算，不扣除附墙柱、柱所占的面积，其基本层高以3.6 m以上至5.2 m为准。凡超过3.6 m、在5.2 m以内的天棚抹灰及装饰装修，应计算满堂脚手架基本层；层高超过5.2 m，每增加1.2 m计算一个增加层。增加层的层数=(层高-5.2 m)÷1.2 m，按增加层的层数四舍五入取整数。室内凡计算了满堂脚手架者，其内墙面粉饰不再计算粉饰架，按每100 m^2 墙面垂直投影面积增加改架工1.28工日。

②装饰装修外脚手架，按外墙的外边线长乘以墙高以“m^2”计算，不扣除门窗洞口的面积。同一建筑物各面墙的高度不同，且不在同一定额步距内时，应分别计算工程量。定额中所指的檐口高度为5～45 m，是指建筑物自设计室外地坪面至外墙顶点或构筑物顶面的高度。

③利用主体外脚手架改变其步高作外墙面装饰架时，按每100 m^2 外墙面垂直投影面积，增加改架工1.28工日；独立柱按柱周长增加3.6 m乘以柱高套用装饰装修外脚手架相应高度的定额。

④内墙面粉饰脚手架，均按内墙面垂直投影面积计算，不扣除门窗洞口的面积。

⑤安全过道按实际搭设的水平投影面积(架宽×架长)计算。

⑥封闭式安全笆按实际封闭的垂直投影面积计算。实际用封闭材料与定额不符时，不作调整。

⑦斜挑式安全笆按实际搭设的(长×宽)斜面面积计算。

⑧满挂安全网按实际满挂的垂直投影面积计算。

(2)说明

①满堂脚手架。室内天棚装饰面距室内地坪大于3.6 m时，计算满堂脚手架。满堂脚手架按室内净面积计算。满堂脚手架的基本层高为3.6～5.2 m者，计算满堂脚手架基本层；超过5.2 m时，每超过1.2 m计算一个满堂脚手架增加层。计算增加层脚手架时，超高部分在0.6 m以内者舍去不计；超过0.6 m者，计算一个增加层。

满堂脚手架工程量=室内净长度×室内净宽度

计算室内净面积时，不扣除柱、垛所占面积。已计算满堂脚手架后，室内墙壁面装饰不再计算墙面装饰脚手架。

$$满堂脚手架增加层层数=\frac{室内净高度-5.2\ m}{1.2\ m}$$（计算结果0.6 m以内者舍去）

②外墙装饰脚手架。外墙装饰脚手架的面积是按外墙外边线的垂直面积取定。其中，高应从室外地坪至墙顶，长度应算至外墙转折点，若有外凸超过一砖的垛时，应按凸出尺寸的双倍乘以垛数加入墙长内计算。其计算公式为

外墙装饰脚手架=建筑物外墙外边线长×外墙面高

建筑物高度不同时，应先根据不同高度算出外墙建筑面积，再根据外墙建筑面积来计算脚手架的工程量，然后套用相应的外脚手架定额。建筑物高度在15 m以内者，可按单排或双排脚手架计算；建筑物高度为15～30 m者，则只能按双排脚手架计算。

独立柱装饰脚手架，按柱周长增加3.6 m乘以柱高计算工程量，执行装饰装修外脚手架相应高度的定额。

③内墙面装饰脚手架。内墙面装饰脚手架工程量均按内墙面垂直投影面积计算，即以内墙净长乘以内墙净高计算。有山尖者算至山尖1/2处的高度；有地下室时，自地下室室内地坪至墙顶面高度。不扣除门窗洞口的面积（因门窗洞口处仍需搭设脚手架）。

内墙面装饰脚手架一般都是按里脚手架考虑。当内墙面装饰脚手架采用满堂脚手架时，就不能重复计算内墙抹灰用里脚手架，因为满堂脚手架代替了内墙抹灰用里脚手架。如果天棚不需抹灰或刷油者，则不应考虑满堂脚手架，这时可直接计算内墙抹灰用里脚手架。

④安全过道。安全过道即水平防护架，是沿水平方向在一定高度搭设的脚手架，上面满铺脚手板，下面可为人行通道、车辆通道等。搭设水平防护架的目的主要是防止材料坠落伤人，多为临界物临界一面或建筑物一些主要通道搭设。

⑤封闭式安全笆。封闭式安全笆也称建筑物垂直封闭，也称架子封席，它是在临街的高层建筑物施工中，采用竹席进行外架全封闭，其作用是防止建筑材料及其他物品坠落伤及行人或妨碍交通，同时竹席具有防风作用，减少了灰性材料的损失，相对减轻了环境污染。

⑥满挂安全网。为确保施工安全，里脚手架砌外墙时，要沿着墙外架设安全网。使用于多层、高层建筑的外脚手架也要架设安全网。

安全网按实际满挂的垂直投影面积计算。架网部分实挂长度：横向架设的安全网两端的外边缘之间的长度。架网部分实挂高度：从安全网搭设的最下部分网边绳到最上部分网边绳的高度。

2）项目成品保护费

项目成品保护工程量计算规则按各相应子目规则执行。

成品保护具体包括楼地面、楼梯、台阶、独立柱、内墙面等保护。其材料包括麻袋、胶合板3 mm、彩条纤维布、其他材料（占材料费）等。

任务8　垂直运输及超高增加费

5.8.1　定额项目划分

垂直运输及超高增加费定额项目主要包括两个部分:一是垂直运输费;二是超高增加费。

5.8.2　垂直运输及超高增加费清单工程量计算规则

1)垂直运输工程量

(1)计算规则

装饰装修楼层(包括楼层所有装饰装修工程量)区别不同垂直运输高度(单层建筑物系檐口高度)按定额工日分别计算。

地下层超过二层或层高超过3.6 m时,计取垂直运输费,其工程量按地下层全面积计算。

建筑物垂直运输工程计算规则见表5.6。

表5.6　垂直运输工程计算规则

项目编码	项目名称	项目特征	计量单位	工程量计算规则	工作内容
011703001	垂直运输	1.建筑物建筑类型及结构形式 2.地下室建筑面积 3.建筑物檐口高度、层数	1. m^2 2.天	1.按建筑面积计算 2.按施工工期日历天数计算	1.垂直运输机械的固定装置、基础制作、安装 2.行走式垂直运输机械轨道的铺设、拆除、摊销

注:1.建筑物的檐口高度是指设计室外地坪至檐口滴水的高度(平屋顶是指屋面板底高度),突出主体建筑物屋顶的电梯机房、楼梯出口间、水箱间、瞭望塔、排烟机房等不计入檐口高度。

2.垂直运输是指施工工程在合理工期内所需垂直运输机械。

3.同一建筑物有不同檐高时,按建筑物的不同檐高做纵向分割,分别计算建筑面积,以不同檐高分别编码列项。

(2)说明

①檐口高度在3.6 m以内的单层建筑物,不计算垂直运输费。

②再次装饰装修时,利用电梯进行垂直运输或通过楼梯使用人力进行垂直运输者,按实计算垂直运输费。

③垂直运输设施是指包括塔吊在内的担负垂直输送材料和供施工人员上下的机械设备和设施。

2)超高增加费工程量

(1)计算规则

装饰装修楼面(包括楼层所有装饰装修工程量)区别不同的垂直运输高度(单层建筑物

系檐口高度)以人工费与机械费之和按元分别计算。

(2)计算公式

建筑物超高装饰装修项目按檐口高度和垂直运输高度计算超高增加费。其计算公式为:

$$超高增加费=人工费与机械费之和\times选定的人工、机械降效系数$$

(3)说明

①《甘肃省建筑与装饰工程预算定额》(2013 版)适用于建筑物檐高 20 m(层数 6 层)以上的工程。

②超高建筑物是指建筑物的设计檐口高度超过定额规定的极限高度(檐高 20 m,层数 6 层以上),并规定檐口高度在 20 m 以上的单层或多层、工业或民用建筑物,均可计算超高增加费。

③檐高是指设计室外地坪至檐口的高度。突出主体建筑屋顶的电梯间、水箱等不计入檐高之内。

④各项降效系数中包括的内容指是指筑物基础以上的全部工程项目,但不包括垂直运输、各类构件的水平运输及各项脚手架。

a. 人工降效按规定内容中的全部人工费乘以定额系数计算。

b. 吊装机械降效按(基础定额)吊装项目中的全部机械费乘以定额系数计算。

c. 其他机械降效按规定内容中的全部机械费(不包括吊装机械)乘以定额系数计算。

任务9　某项目装饰工程施工图预算案例

装饰工程案例图纸

投标总价

招　标　人：______________________

工 程 名 称：装饰工程施工——装饰部分

投 标 总 价　（小写）：3 195 859.93

（大写）：叁佰壹拾玖万伍仟捌佰伍拾玖元玖角叁分

投　标　人：______________________

（单位盖章）

法定代表人
或其授权人：______________________

（签字或盖章）

编　制　人：______________________

（造价人员签字盖专用章）

时　　　间：　年　月　日

单位工程投标报价汇总表

工程名称:装饰工程施工——装饰部分　　　　第1页 共1页

序号	汇总内容	金额/元	其中:暂估价/元
1	分部分项工程	2 987 409.9	1 387 211.64
2	措施项目	75 947.75	
2.1	其中:安全文明施工费	50 239.61	
2.2	其他措施费(费率类)		
2.3	单价措施费	25 708.14	
3	其他项目	70 208	—
3.1	暂列金额		—
3.2	专业工程暂估价	70 208	—
3.3	计日工		—
3.4	总承包服务费		—
3.5	其他		
4	规费	62 294.28	—
4.1	定额规费	62 294.28	—
4.2	工程排污费		—
4.3	其他		
5	不含税工程造价合计	3 195 859.93	
6	增值税		—
7	不含税工程造价合计	3 195 859.93	
投标报价合计=1+2+3+4+6		3 195 859.93	1 387 211.64

注:本表适用于单位工程招标控制价或投标报价的汇总,如无单位工程划分,单项工程也使用本表汇总。

分部分项工程和单价措施项目清单与计价表

工程名称：装饰工程施工——装饰部分　　　　第 1 页 共 23 页

序号	项目编码	项目名称	项目特征描述	计量单位	工程量	金额/元		
						综合单价	合价	其中 暂估价
		分部分项工程					2 987 409.9	
1	010401012001	零星砌砖	1. 零星砌砖名称、部位：卫生间蹲便台 2. 砖品种、规格、强度等级：M10 砖 3. 砂浆强度等级、配合比：M5 水泥砂浆砌筑，20 mm 厚 1∶2.5 水泥砂浆抹面 4. 其他说明：具体详见施工图纸及设计总说明，符合国家相关施工及验收标准规范要求	m^3	7.960	490.53	3 904.62	
2	010402001001	成品轻质隔墙	1. 部位：五层 2. 隔断材料品种、规格、颜色：100 mm 厚陶粒板隔墙 3. 其他说明：具体详见施工图纸及设计总说明，符合国家相关施工及验收标准规范要求	m^2	337.230	95	32 036.85	
3	010801001001	成品带套实木门	1. 门代号及洞口尺寸：M1021，成品实木门 2. 含锁及五金小件 3. 其他说明：具体详见施工图纸及设计总说明，符合国家相关施工及验收标准规范要求	樘	56.000	1 663.87	93 176.72	88 691.55
4	010801001002	成品带套实木门	1. 门代号及洞口尺寸：M1521，成品实木门 2. 含锁及五金小件 3. 其他说明：具体详见施工图纸及设计总说明，符合国家相关施工及验收标准规范要求	樘	21.000	2 706.36	56 833.56	54 101.19
本页小计							185 951.75	142 792.74

注：为计取规费等的使用，可在表中增设其中："定额人工费"。　　　　表-08

分部分项工程和单价措施项目清单与计价表

工程名称:装饰工程施工——装饰部分　　　　第 2 页 共 23 页

序号	项目编码	项目名称	项目特征描述	计量单位	工程量	金额/元		
						综合单价	合价	其中 暂估价
5	010801001003	成品带套实木门	1. 门代号及洞口尺寸:M1221,成品实木门 2. 含锁及五金小件 3. 其他说明:具体详见施工图纸及设计总说明,符合国家相关施工及验收标准规范要求	樘	1.000	2 106.36	2 106.36	1 976.53
6	010801002002	隐形门	1. 门代号及洞口尺寸:隐形门 1 200 mm×2 000 mm 2. 骨架、边框材料种类、规格:75 系列轻钢骨架+隔音棉 3. 隔板材料品种、规格、颜色:18 mm 厚细木工板基层刷 3 遍防火涂料(两面刷);面向会议室的墙面为木工板吸音板;背面为石膏板,白色乳胶漆,详见八层多功能厅 C 立面图 4. 含锁及五金小件	m^2	2.400	926.65	2 223.96	
7	010802003002	钢质防火门	1. 门代号及洞口尺寸:成品乙级钢质防火门 2. 含锁、闭门装置及五金小件 3. 其他说明:具体详见施工图纸及设计总说明,符合国家相关施工及验收标准规范要求	m^2	284.250	724.2	205 853.85	192 710.17
8	010807001001	金属(塑钢、断桥)窗	1. 窗代号及洞口尺寸:观察窗 1 200 mm×1 300 mm 2. 框、扇材质:60 系列塑钢固定密封窗 3. 玻璃品种、厚度:3 mm 厚白色玻璃 4. 详见八层多功能厅 C 立面图,满足设计要求	m^2	1.560	274.56	428.31	
本页小计							210 612.48	194 686.7

注:为计取规费等的使用,可在表中增设其中:“定额人工费”。　　　　表-08

分部分项工程和单价措施项目清单与计价表

工程名称:装饰工程施工——装饰部分　　　　标段:　　　　第 3 页 共 23 页

序号	项目编码	项目名称	项目特征描述	计量单位	工程量	金额/元 综合单价	合价	其中 暂估价
9	010807001003	金属(塑钢、断桥)窗	1. 部位:一层大厅 D 立面图 2. 窗代号及洞口尺寸:乙 FC1815 3. 框、扇材质:60 系列塑钢固定密封窗 4. 玻璃品种、厚度:4 mm 厚白色玻璃 5. 其他说明:具体详见施工图纸及设计总说明,符合国家相关施工及验收标准规范要求	m^2	2.700	274.56	741.31	
10	010807001004	金属(塑钢、断桥)窗	1. 窗代号及洞口尺寸:内墙增加的窗(丙 FC1815、丙 FC1515、丙 FC2410、丙 FC1508、辅助楼二层厨房工作窗口) 2. 框、扇材质:60 系列塑钢固定密封窗 3. 玻璃品种、厚度:3 mm 厚白色玻璃 4. 其他说明:具体详见施工图纸及设计总说明,符合国家相关施工及验收标准规范要求	m^2	110.700	280.97	31 103.38	
11	010808001001	木窗套	1. 部位:所有外窗 2. 面层材料品种、规格:木质门窗套 3. 其他说明:具体详见施工图纸及设计总说明,符合国家相关施工及验收标准规范要求	m^2	150.540	211.57	31 849.75	
12	010808005001	石材门套	1. 窗代号及洞口尺寸:电梯门套 2. 面层材料品种、规格:干挂深啡网纹石材倒角磨边门套线 200 mm 宽 3. 其他说明:具体详见施工图纸及设计总说明,符合国家相关施工及验收标准规范要求	m^2	26.180	280.59	7 345.85	
本页小计							71 040.29	

注:为计取规费等的使用,可在表中增设其中:"定额人工费"。　　　　表-08

分部分项工程和单价措施项目清单与计价表

工程名称：装饰工程施工——装饰部分　　标段：　　第 4 页 共 23 页

序号	项目编码	项目名称	项目特征描述	计量单位	工程量	金额/元		
						综合单价	合价	其中 暂估价
13	010809004001	石材窗台板	1. 黏结层厚度、砂浆配合比：水泥砂浆粘贴 2. 窗台板材质、规格、颜色：通长 25 mm 厚 300 mm 宽外边磨圆角爵士白石材 3. 其他说明：具体详见施工图纸及相关设计施工规范	m^2	231.260	302.03	69 847.46	
14	010810003001	窗帘盒	1. 名称：400 mm×500 mm 窗帘盒 2. 窗帘盒材质、规格：30 mm×40 mm 木龙骨@400 mm×400 mm，双层 18 厘板基层，石膏板，白色乳胶漆（批腻子 3 遍、2 底漆、2 面漆） 3. 其他说明：详见普通办公室窗帘盒大样图及总说明，符合国家相关施工及验收标准规范要求	m	46.800	88.97	4 163.8	
15	010810003002	窗帘盒	1. 名称：300 mm×500 mm 窗帘盒 2. 窗帘盒材质、规格：30 mm×40 mm 木龙骨@400 mm×400 mm，双层 18 厘板基层，石膏板，白色乳胶漆（批腻子 3 遍、2 底漆、2 面漆） 3. 其他说明：详见一层多媒体 D 立面结构图及总说明，符合国家相关施工及验收标准规范要求	m	547.450	79.96	43 774.1	
16	010904001001	楼（地）面卷材防水	1. 部位：卫生间、洗手间 2. 卷材品种、规格、厚度：丙纶防水为 400 g 丙纶 3. 防水层数：一层 4. 反边高度：0.5 m 5. 其他说明：含附加层，详见施工图及总说明，符合国家相关施工及验收标准规范要求	m^2	418.800	36.53	15 298.76	
本页小计							133 084.12	

注：为计取规费等的使用，可在表中增设其中："定额人工费"。　　表-08

分部分项工程和单价措施项目清单与计价表

工程名称：装饰工程施工——装饰部分　　　　标段：　　　　第 5 页 共 23 页

序号	项目编码	项目名称	项目特征描述	计量单位	工程量	金额/元		
						综合单价	合价	其中 暂估价
17	011102003001	防滑砖地面	1. 部位：卫生间、洗手间、辅助楼厨房 2. 结合层厚度、砂浆配合比：40 mm 厚 1∶3 干硬性水泥砂浆铺砌 3. 面层材料品种、规格、颜色：300 mm×300 mm 抗菌纳米银防滑砖 4. 其他说明：具体详见施工图纸及设计总说明，符合国家相关施工及验收标准规范要求	m^2	295.150	95.16	28 086.47	16 263.15
18	011102003002	过门石地面	1. 结合层厚度、砂浆配合比：40 mm 厚 1∶3 干硬性水泥砂浆铺砌 2. 面层材料品种、规格、颜色：25 mm 厚 200 mm 宽深啡网纹过门石 3. 其他说明：具体详见施工图纸及设计总说明，符合国家相关施工及验收标准规范要求	m^2	48.330	220.47	10 655.32	6 812.73
19	011102003003	地板砖地面	1. 结合层厚度、砂浆配合比：40 mm 厚 1∶3 干硬性水泥砂浆铺砌 2. 面层材料品种、规格、颜色：800 mm×800 mm 抗菌纳米银釉面地砖 3. 其他说明：含楼梯平台地砖铺贴，具体详见施工图纸及设计总说明，符合国家相关施工及验收标准规范要求	m^2	4 603.830	158.5	729 707.06	536 197.34
本页小计							768 448.85	559 273.22

注：为计取规费等的使用，可在表中增设其中："定额人工费"。　　表-08

分部分项工程和单价措施项目清单与计价表

工程名称:装饰工程施工——装饰部分　　标段:　　第 6 页 共 23 页

序号	项目编码	项目名称	项目特征描述	计量单位	工程量	金额/元		
						综合单价	合价	其中 暂估价
20	011102003004	石材波打线	1. 部位:一层大厅 2. 结合层厚度、砂浆配合比:40 mm 厚 1 : 3 干硬性水泥砂浆铺砌 3. 面层材料品种、规格、颜色:25 mm 厚深啡网纹石材波导线 4. 其他说明:具体详见施工图纸及设计总说明,符合国家相关施工及验收标准规范要求	m^2	19.370	205.03	3 971.43	2 776.58
21	011102003005	花岗岩地面	1. 部位:一层大厅 2. 结合层厚度、砂浆配合比:40 mm 厚 1 : 3 干硬性水泥砂浆铺砌 3. 面层材料品种、规格、颜色:25 mm 厚 1 000 mm×1 000 mm 白麻花岗岩 4. 其他说明:具体详见施工图纸及设计总说明,符合国家相关施工及验收标准规范要求	m^2	183.060	149.2	27 312.55	
22	011102003006	波打线	1. 部位:电梯间地面 2. 结合层厚度、砂浆配合比:40 mm 厚 1 : 3 干硬性水泥砂浆铺砌 3. 面层材料品种、规格、颜色:200mm 宽深啡网纹波导线地板砖 4. 其他说明:具体详见施工图纸及设计总说明,符合国家相关施工及验收标准规范要求	m^2	21.540	173.83	3 744.3	2 431.99
本页小计							35 028.28	5 208.57

注:为计取规费等的使用,可在表中增设其中:"定额人工费"。　　表-08

分部分项工程和单价措施项目清单与计价表

工程名称:装饰工程施工——装饰部分　　　　标段:　　　　第 7 页 共 23 页

序号	项目编码	项目名称	项目特征描述	计量单位	工程量	金额/元		
						综合单价	合价	其中 暂估价
23	011102003007	石材防滑砖地面	1. 部位:八层室外 2. 结合层厚度、砂浆配合比:40 mm 厚 1∶3 干硬性水泥砂浆铺砌 3. 面层材料品种、规格、颜色:600 mm×600 mm 花岗岩石材防滑地砖 4. 其他说明:具体详见八层地砖平面图及设计总说明,符合国家相关施工及验收标准规范要求	m^2	172.200	94.15	16 212.63	9 406.37
24	011102003008	楼梯防滑地砖	1. 部位:楼梯间 2. 结合层厚度、砂浆配合比:40 mm 厚 1∶3 干硬性水泥砂浆铺砌 3. 面层材料品种、规格、颜色:踏步粘贴防滑地砖,踏步防滑条做法参见 12YJ8-10/68 4. 其他说明:具体详见施工图纸及设计总说明,符合国家相关施工及验收标准规范要求	m^2	151.290	164.62	24 905.36	
25	011104002001	木地板	1. 部位:一层多媒体 2. 龙骨材料种类、规格、铺设间距:18 mm 厚细木工板骨架间距 150~400 mm 3. 基层材料种类、规格:18 mm 厚细木工板基层 4. 面层材料品种、规格、颜色:复合地板铺地,铜板压条封边 5. 其他说明:按水平投影面积计入工程量,具体详见施工图纸及设计总说明,符合国家相关施工及验收标准规范要求	m^2	18.000	317.11	5 707.98	
本页小计							46 825.97	9 406.37

注:为计取规费等的使用,可在表中增设其中:“定额人工费”。　　　　表-08

分部分项工程和单价措施项目清单与计价表

工程名称:装饰工程施工——装饰部分　　　　标段:　　　　第 8 页 共 23 页

序号	项目编码	项目名称	项目特征描述	计量单位	工程量	金额/元		
						综合单价	合价	其中 暂估价
26	011104002002	木地板	1. 部位:八层多功能厅 2. 龙骨材料种类、规格、铺设间距:主席台∟50 mm×50 mm×5 mm 镀锌角钢@500 mm×500 mm×400 mm 3. 基层材料种类、规格:双层 18 厘板基层铺缓冲垫 4. 面层材料品种、规格、颜色:面铺 20 mm 厚木地板,板口专用不锈钢扣角 5. 其他说明:按水平投影面积计入工程量,具体详见施工图纸及设计总说明,符合国家相关施工及验收标准规范要求	m^2	30.930	432.35	13 372.59	
27	011104004001	防静电活动地板	1. 面层材料品种、规格、颜色:防静电地板 2. 其他说明:具体详见设计图纸,符合国家相关施工及验收标准规范要求	m^2	9.610	218.09	2 095.84	
28	011105003001	深啡网纹地砖踢脚线	1. 踢脚线高度:120 mm 2. 粘贴层厚度、材料种类:砂浆粘贴 3. 面层材料品种、规格、颜色:12 mm 厚深啡网纹地砖踢脚线 4. 其他说明:具体详见施工图纸及设计总说明,符合国家相关施工及验收标准规范要求	m^2	61.860	177.8	10 998.71	6 830.58
本页小计							26 467.14	6 830.58

注:为计取规费等的使用,可在表中增设其中:"定额人工费"。　　表-08

分部分项工程和单价措施项目清单与计价表

工程名称:装饰工程施工——装饰部分　　　　标段:　　　　第 9 页 共 23 页

序号	项目编码	项目名称	项目特征描述	计量单位	工程量	金额/元		
						综合单价	合价	其中 暂估价
29	011105003002	石材深啡网纹踢脚线	1. 踢脚线高度:120 mm 2. 粘贴层厚度、材料种类:砂浆粘贴 3. 面层材料品种、规格、颜色:25 mm 厚深啡网纹石材踢脚线 4. 其他说明:具体详见施工图纸及设计总说明,符合国家相关施工及验收标准规范要求	m^2	73.850	205.33	15 163.62	10 448.27
30	011105003003	地砖踢脚线	1. 踢脚线高度:120 mm 2. 粘贴层厚度、材料种类:砂浆粘贴 3. 面层材料品种、规格、颜色:成品地砖踢脚线 4. 其他说明:含楼梯间踢脚线,具体详见施工图纸及设计总说明,符合国家相关施工及验收标准规范要求	m^2	186.420	115.4	21 512.87	
31	011105006001	金属踢脚线	1. 部位:一层多媒体 2. 踢脚线高度:200 mm 3. 基层材料种类、规格:30 mm×40 mm 木龙骨刷防火涂料 3 遍,18 mm 厚细木工板 4. 面层材料品种、规格、颜色:不锈钢饰面 5. 其他说明:具体详见施工图纸及设计总说明,符合国家相关施工及验收标准规范要求	m^2	6.760	268.95	1 818.1	
本页小计							38 494.59	10 448.27

注:为计取规费等的使用,可在表中增设其中:“定额人工费”。　　表-08

分部分项工程和单价措施项目清单与计价表

工程名称:装饰工程施工——装饰部分　　　　标段:　　　　第10页 共23页

序号	项目编码	项目名称	项目特征描述	计量单位	工程量	金额/元		
						综合单价	合价	其中 暂估价
32	011105006002	金属踢脚线	1. 部位:七层圆桌会议室、八层多功能厅 2. 踢脚线高度:100 mm 3. 基层材料种类、规格:30 mm×40 mm 木龙骨刷防火涂料3遍,18 mm厚细木工板 4. 面层材料品种、规格、颜色:不锈钢饰面 5. 其他说明:具体详见施工图纸及设计总说明,符合国家相关施工及验收标准规范要求	m^2	3.240	268.95	871.4	
33	011105006003	金属踢脚线	1. 部位:一层多媒体、七层圆桌会议室 2. 踢脚线高度:430 mm 3. 基层材料种类、规格:30 mm×40 mm 木龙骨刷防火涂料3遍,18 mm厚细木工板 4. 面层材料品种、规格、颜色:不锈钢饰面 5. 其他说明:具体详见施工图纸及设计总说明,符合国家相关施工及验收标准规范要求	m^2	6.110	268.95	1 643.28	
34	011204003001	块料墙面	1. 部位:卫生间、沐浴间、辅助楼厨房墙面 2. 水泥砂浆黏结 3. 面层材料品种、规格、颜色:300 mm×450 mm 瓷砖 4. 其他说明:具体详见施工图纸及设计总说明,符合国家相关施工及验收标准规范要求	m^2	941.470	122.52	115 348.9	
本页小计							117 863.58	

注:为计取规费等的使用,可在表中增设其中:"定额人工费"。　　表-08

分部分项工程和单价措施项目清单与计价表

工程名称:装饰工程施工——装饰部分　　　　　标段:　　　　　　第 11 页 共 23 页

序号	项目编码	项目名称	项目特征描述	计量单位	工程量	金额/元		
						综合单价	合价	其中 暂估价
35	011204003002	干挂块料墙面	1. 部位:一层大厅,电梯间、茶水间 2. 安装方式:干挂高档聚晶白玻化砖 3. 面层材料品种、规格、颜色:抗菌纳米银 600 mm×1 200 mm 玻化砖 4. 其他说明:具体详见施工图纸及设计总说明,符合国家相关施工及验收标准规范要求	m^2	545.110	412.06	224 618.03	129 481.79
36	011204003003	块料墙面	1. 部位:辅助楼二层 2. 面层材料品种、规格、颜色:墙裙砖,300 mm×450 mm 抗菌纳米银 3. 其他说明:具体详见施工图纸及设计总说明,符合国家相关施工及验收标准规范要求	m^2	186.480	138.12	25 756.62	
37	011204004001	干挂石材钢骨架	1. 部位:一层大厅,电梯间、茶水间 2. 骨架种类、规格:10#镀锌槽钢、∟50 mm×50 mm×5 mm 镀锌角钢 3. 其他说明:具体详见施工图纸及设计总说明,符合国家相关施工及验收标准规范要求	t	5.395	7 969.71	42 996.59	
38	011206002001	块料零星项目	1. 部位、名称:八层多功能厅,台阶及侧面 2. 安装方式:水泥砂浆粘贴 3. 面层材料品种、规格、颜色:抗菌纳米银玻化砖饰面 4. 其他说明:具体详见施工图纸及设计总说明,符合国家相关施工及验收标准规范要求	m^2	15.620	204.48	3 193.98	1 720.28
本页小计							296 565.22	131 202.07

注:为计取规费等的使用,可在表中增设其中:"定额人工费"。　　　　表-08

分部分项工程和单价措施项目清单与计价表

工程名称:装饰工程施工——装饰部分　　　　标段:　　　　第 12 页 共 23 页

序号	项目编码	项目名称	项目特征描述	计量单位	工程量	金额/元 综合单价	合价	其中 暂估价
39	011207001001	墙面装饰板	1. 部位、名称:一层大厅,中国电信形象墙 2. 龙骨材料种类、规格、中距:30 mm×40 mm 木龙骨骨架,详见一层大厅 A 剖面骨架图、一层大厅 A 立面骨架图 3. 基层材料种类、规格:18 mm 厚细木工板刷 3 遍防火涂料(两面刷) 4. 面层材料品种、规格、颜色:3 mm 厚 150 mm 宽白色亚克力@ 50 mm,白色铝塑板饰面,定制 LOGO,详见一层大厅 A 立面图、形象墙剖面图 5. 其他说明:按墙面垂直投影面积计入工程量,具体详见施工图纸及设计总说明,符合国家相关施工及验收标准规范要求	m^2	24.000	241.65	5 799.6	
40	011207001002	墙面装饰板	1. 部位、名称:白色吸音板饰面 2. 龙骨材料种类、规格、中距:30 mm×40 mm 木龙骨刷防火涂料 3 遍,横向排列 400 mm×400 mm,纵向排列 600 mm×600 mm 3. 基层材料种类、规格:18 mm 厚细木工板刷 3 遍防火涂料(两面刷) 4. 面层材料品种、规格、颜色:白色吸音板饰面 5. 其他说明:具体详见施工图纸及设计总说明,符合国家相关施工及验收标准规范要求	m^2	229.530	195.58	44 891.48	
本页小计							50 691.08	

注:为计取规费等的使用,可在表中增设其中:“定额人工费”。　　　　表-08

分部分项工程和单价措施项目清单与计价表

工程名称:装饰工程施工——装饰部分　　　　标段:　　　　第 13 页 共 23 页

序号	项目编码	项目名称	项目特征描述	计量单位	工程量	金额/元		
						综合单价	合价	其中 暂估价
41	011207001003	墙面装饰板	1. 部位、名称:一层多媒体,蓝色铝塑板饰面 2. 龙骨材料种类、规格、中距:30 mm×40 mm 木龙骨刷防火涂料 3 遍,横向排列 400 mm×400 mm,纵向排列 600 mm×600 mm 3. 基层材料种类、规格:18 mm 厚细木工板刷 3 遍防火涂料(两面刷) 4. 面层材料品种、规格、颜色:蓝色铝塑板饰面,亚克力发光字 5. 其他说明:具体详见施工图纸及设计总说明,符合国家相关施工及验收标准规范要求	m^2	19.930	322.33	6 424.04	
42	011207001004	墙面装饰板	1. 部位、名称:七层圆桌会议室,中国电信形象墙 2. 龙骨材料种类、规格、中距:30 mm×40 mm 木龙骨刷防火涂料 3 遍,横向排列 400 mm×400 mm,纵向排列 600 mm×600 mm 3. 基层材料种类、规格:18 mm 细木工板刷 3 遍防火涂料(两面刷) 4. 面层材料品种、规格、颜色:铝塑板饰面,亚克力 150 mm 装饰条,定制 LOGO,详见七层圆桌会议室 C 立面图 5. 其他说明:按墙面垂直投影面积计入工程量,具体详见施工图纸及设计总说明,符合国家相关施工及验收标准规范要求	m^2	24.750	278.89	6 902.53	
本页小计							13 326.57	

注:为计取规费等的使用,可在表中增设其中:"定额人工费"。　　　　表-08

分部分项工程和单价措施项目清单与计价表

工程名称:装饰工程施工——装饰部分　　　　标段:　　　　第 14 页 共 23 页

序号	项目编码	项目名称	项目特征描述	计量单位	工程量	金额/元		
						综合单价	合价	其中 暂估价
43	011207001005	墙面装饰板	1. 部位、名称:八层多功能厅,中国电信形象墙(D立面图) 2. 龙骨材料种类、规格、中距:30 mm×40 mm 木龙骨刷防火涂料 3 遍,纵向排列 600 mm×600 mm 3. 基层材料种类、规格:18 mm 厚细木工板刷 3 遍防火涂料(两面刷) 4. 面层材料品种、规格、颜色:白色吸音板饰面,定制电信 LOGO,详见八层多功能厅 D 立面图 5. 其他说明:具体详见施工图纸及设计总说明,符合国家相关施工及验收标准规范要求	m^2	24.600	285.01	7 011.25	
44	011207001006	墙面装饰板	1. 部位、名称:八层多功能厅,木纹饰面板 2. 龙骨材料种类、规格、中距:30 mm×40 mm 木龙骨刷防火涂料 3 遍,横向排列 400 mm×400 mm 3. 基层材料种类、规格:18 mm 厚细木工板刷 3 遍防火涂料(两面刷) 4. 面层材料品种、规格、颜色:木纹饰面板,详见八层多功能厅 D 立面图 5. 其他说明:具体详见施工图纸及设计总说明,符合国家相关施工及验收标准规范要求	m^2	17.050	185.73	3 166.7	
本页小计							10 177.95	

注:为计取规费等的使用,可在表中增设其中:“定额人工费”。　　表-08

分部分项工程和单价措施项目清单与计价表

工程名称：装饰工程施工——装饰部分　　　　标段：　　　　第 15 页 共 23 页

序号	项目编码	项目名称	项目特征描述	计量单位	工程量	金额/元		
						综合单价	合价	其中 暂估价
45	011210001001	活动门	1. 部位、名称：八层多功能厅、辅助楼二层餐厅，活动门 2. 骨架、边框材料种类、规格：活动折叠顶轨道 65 mm 厚成品木饰面隔断 3. 其他说明：具体详见施工图纸及设计总说明，符合国家相关施工及验收标准规范要求	m^2	99.940	420	41 974.8	
46	011210003001	玻璃隔断	1. 边框材料种类、规格：玻璃隔断边框为 85 mm 厚成品铝合金边框 2. 玻璃品种、规格、颜色：玻璃为 6 mm 厚钢化玻璃，内外双层玻璃 3. 其他说明：具体详见施工图纸及设计总说明，符合国家相关施工及验收标准规范要求	m^2	224.990	164.67	37 049.1	
47	011210003002	装饰板隔断	1. 边框材料种类、规格：装饰板隔断边框为 85 mm 厚成品铝合金边框 2. 装饰板品种、规格、颜色：装饰木板材质、厚度与其下方门扇一致，详见五层装饰施工图、玻璃隔断墙安装示意图 3. 其他说明：具体详见施工图纸及设计总说明，符合国家相关施工及验收标准规范要求	m^2	12.210	406	4 957.26	
本页小计							83 981.16	

注：为计取规费等的使用，可在表中增设其中："定额人工费"。　　表-08

分部分项工程和单价措施项目清单与计价表

工程名称:装饰工程施工——装饰部分　　　　标段:　　　　第 16 页 共 23 页

序号	项目编码	项目名称	项目特征描述	计量单位	工程量	金额/元		
						综合单价	合价	其中 暂估价
48	011210005002	成品隔断	1. 部位、名称:卫生间、沐浴间,成品隔断 2. 隔断材料品种、规格、颜色:详见图集 12YJ11-1/101 3. 其他说明:具体详见施工图纸及设计总说明,符合国家相关施工及验收标准规范要求	m^2	305.080	269.5	82 219.06	
49	011210006001	其他隔断	1. 部位、名称:一层多媒体,木纹吸音板隔断 2. 骨架、边框材料种类、规格:100 mm 竖 50 mm 横镀锌轻钢骨架 3. 隔板材料品种、规格、颜色:18mm 厚细木工板基层刷 3 遍防火涂料(两面刷),木纹吸音板饰面 4. 其他说明:具体详见施工图纸及设计总说明,符合国家相关施工及验收标准规范要求	m^2	9.330	247.12	2 305.63	
50	011210006002	其他隔断	1. 部位、名称:八层多功能厅 2. 骨架、边框材料种类、规格:75 系列轻钢骨架+隔音棉 3. 隔板材料品种、规格、颜色:18 mm 厚细木工板基层刷 3 遍防火涂料(两面刷),正背面均为石膏板,白色乳胶漆,详见八层多功能厅 C 立面图 4. 套装门已单列 5. 其他说明:具体详见施工图纸及设计总说明,符合国家相关施工及验收标准规范要求	m^2	9.680	235.59	2 280.51	
本页小计							86 805.2	

注:为计取规费等的使用,可在表中增设其中:“定额人工费”。　　表-08

分部分项工程和单价措施项目清单与计价表

工程名称:装饰工程施工——装饰部分　　　　标段:　　　　第 17 页 共 23 页

序号	项目编码	项目名称	项目特征描述	计量单位	工程量	金额/元		
						综合单价	合价	其中 暂估价
51	011210006003	其他隔断	1. 部位、名称:八层多功能厅,中国电信形象墙(C立面图) 2. 龙骨材料种类、规格、中距:轻钢骨架,网格框架@500 mm×500 mm×100 mm 3. 基层材料种类、规格:18 mm厚细木工板刷3遍防火涂料(两面刷) 4. 面层材料品种、规格、颜色:正面为铝塑板饰面,电信LOGO,6 200 mm×600 mm LED显示屏(在安装单列);背面为石膏板,白色乳胶漆 5. 其他说明:具体详见施工图纸及设计总说明,符合国家相关施工及验收标准规范要求	m^2	19.220	337.02	6 477.52	
52	011210006004	其他隔断	1. 部位、名称:八层多功能厅 2. 骨架、边框材料种类、规格:75系列轻钢骨架+隔音棉 3. 隔板材料品种、规格、颜色:18 mm厚细木工板基层刷3遍防火涂料(两面刷);面向会议室的墙面为木工板吸音板;背面为石膏板,白色乳胶漆,详见八层多功能厅C立面图 4. 隐形门、观察窗已单列 5. 其他说明:具体详见施工图纸及设计总说明,符合国家相关施工及验收标准规范要求	m^2	13.090	261.42	3 421.99	
本页小计							9 899.51	

注:为计取规费等的使用,可在表中增设其中:"定额人工费"。　　　　表-08

分部分项工程和单价措施项目清单与计价表

工程名称:装饰工程施工——装饰部分　　　　标段:　　　　第 18 页 共 23 页

序号	项目编码	项目名称	项目特征描述	计量单位	工程量	金额/元		
						综合单价	合价	其中 暂估价
53	011210006005	其他隔断	1. 部位、名称:八层多功能厅 2. 骨架、边框材料种类、规格:75 系列轻钢骨架+隔音棉 3. 隔板材料品种、规格、颜色:18 mm 厚细木工板基层刷 3 遍防火涂料(两面刷);正面为木纹饰面板;背面为石膏板,白色乳胶漆,详见八层多功能厅 C 立面骨架图、C 剖面图 4. 其他说明:具体详见施工图纸及设计总说明,符合国家相关施工及验收标准规范要求	m^2	6.820	211.38	1 441.61	
54	011302001001	吊顶天棚	1. 吊顶形式、吊杆规格、高度:ϕ8 mm 吊筋@1 000 2. 龙骨材料种类、规格、中距:50 配 50 轻钢龙骨 3. 基层材料种类、规格:18 mm 厚细木工板,刷防火漆 3 遍(两面刷) 4. 面层材料品种、规格:石膏板外刷乳胶漆 2 底漆 2 面漆 5. 具体详见施工图纸及设计总说明,满足设计要求,符合国家相关施工及验收标准规范要求	m^2	2 068.26	85.14	176 091.66	
本页小计							177 533.27	

注:为计取规费等的使用,可在表中增设其中:"定额人工费"。　　　　表-08

分部分项工程和单价措施项目清单与计价表

工程名称:装饰工程施工——装饰部分　　　　标段:　　　　第 19 页 共 23 页

序号	项目编码	项目名称	项目特征描述	计量单位	工程量	金额/元		
						综合单价	合 价	其中 暂估价
55	011302001002	吊顶天棚	1. 吊顶形式、吊杆规格、高度:ϕ8 mm 吊筋@1 000 2. 龙骨材料种类、规格、中距:50 轻钢主龙骨,三角轻钢副龙骨 3. 面层材料品种、规格:600 mm×600 mm×1.0 mm 全孔欧立斯铝扣板 4. 具体详见施工图纸及设计总说明,满足设计要求,符合国家相关施工及验收标准规范要求	m^2	2 003.230	216.1	432 898	327 363.12
56	011302001003	吊顶天棚	1. 部位、名称:卫生间,200 mm 宽集成铝扣板吊顶 2. 龙骨材料种类、规格、中距:详见二层沐浴间吊顶平面图,金属板吊顶解析图 3. 面层材料品种、规格:200 mm 宽集成铝扣板 4. 压条材料种类、规格:L 形收边 5. 具体详见施工图纸及设计总说明,满足设计要求,符合国家相关施工及验收标准规范要求	m^2	319.320	116.1	37 073.05	
57	011302001004	吊顶天棚	1. 部位、名称:一层大厅,白色铝塑板饰面 2. 龙骨材料种类、规格、中距:详见一层大厅吊顶龙骨图 3. 面层材料品种、规格:9 厘板垫层刷 3 遍防火涂料(两面刷),银白色/白色铝塑板饰面 4. 具体详见施工图纸及设计总说明,满足设计要求,符合国家相关施工及验收标准规范要求	m^2	116.740	153.74	17 947.61	
			本页小计				487 918.66	327 363.12

注:为计取规费等的使用,可在表中增设其中:“定额人工费”。　　　　表-08

分部分项工程和单价措施项目清单与计价表

工程名称：装饰工程施工——装饰部分　　标段：　　第20页 共23页

序号	项目编码	项目名称	项目特征描述	计量单位	工程量	金额/元		
						综合单价	合价	其中 暂估价
58	011302001005	吊顶天棚	1. 部位、名称：一层大厅，银灰色冲孔铝板 2. 龙骨材料种类、规格、中距：详见一层大厅吊顶龙骨图 3. 面层材料品种、规格：9厘板垫层刷3遍防火涂料（两面刷），3 mm厚18丝银灰色冲孔铝板 4. 具体详见施工图纸及设计总说明，满足设计要求，符合国家相关施工及验收标准规范要求	m^2	18.920	293.88	5 560.21	
59	011302001006	吊顶天棚	1. 部位、名称：一层大厅、多媒体，5 mm厚亚克力 2. 龙骨材料种类、规格、中距：详见一层大厅吊顶龙骨图 3. 面层材料品种、规格：详见一层大厅吊顶A—A剖面图，5 mm厚亚克力 4. 具体详见施工图纸及设计总说明，满足设计要求，符合国家相关施工及验收标准规范要求	m^2	8.640	127.94	1 105.4	
60	011302001007	吊顶天棚	1. 部位、名称：一层多媒体，穿孔铝板 2. 龙骨材料种类、规格、中距：详见一层多媒体吊顶龙骨图 3. 面层材料品种、规格：18 mm厚细木工板刷防火涂料3遍（两面刷），穿孔铝板 4. 具体详见施工图纸及设计总说明，满足设计要求，符合国家相关施工及验收标准规范要求	m^2	5.000	290.67	1 453.35	
本页小计							8 118.96	

注：为计取规费等的使用，可在表中增设其中："定额人工费"。　　表-08

分部分项工程和单价措施项目清单与计价表

工程名称:装饰工程施工——装饰部分　　　　标段:　　　　第 21 页 共 23 页

序号	项目编码	项目名称	项目特征描述	计量单位	工程量	金额/元		
						综合单价	合价	其中 暂估价
61	011302001008	吊顶天棚	1. 部位、名称:七层接待室、圆桌会议室、经理室,5 mm 厚亚克力 2. 龙骨材料种类、规格、中距:详见七层吊顶骨架图 3. 面层材料品种、规格:5 mm 厚亚克力 4. 具体详见施工图纸及设计总说明,满足设计要求,符合国家相关施工及验收标准规范要求	m^2	28.860	127.94	3 692.35	
62	011302001009	吊顶天棚	1. 部位、名称:八层多功能厅,白色铝塑板弧形顶 2. 龙骨材料种类、规格、中距:详见八层吊顶龙骨图 3. 面层材料品种、规格:详见八层多功能厅吊顶平面图,八层多功能厅吊顶1—1 详图、2—2 详图、3—3 详图、4—4 详图 4. 具体详见施工图纸及设计总说明,满足设计要求,符合国家相关施工及验收标准规范要求	m^2	214.200	142.87	30 602.75	
63	011302001010	吊顶天棚	1. 部位、名称:八层多功能厅,弧形铝塑板冲孔 ϕ30 mm 孔@60 mm×60 mm 2. 龙骨材料种类、规格、中距:详见八层吊顶龙骨图 3. 面层材料品种、规格:详见八层多功能厅吊顶平面图,八层多功能厅吊顶1—1 详图、2—2 详图、3—3 详图、4—4 详图 4. 具体详见施工图纸及设计总说明,满足设计要求,符合国家相关施工及验收标准规范要求	m^2	30.600	148.02	4 529.41	
本页小计							38 824.51	

注:为计取规费等的使用,可在表中增设其中:“定额人工费”。　　表-08

分部分项工程和单价措施项目清单与计价表

工程名称:装饰工程施工——装饰部分　　　　标段:　　　　第 22 页 共 23 页

序号	项目编码	项目名称	项目特征描述	计量单位	工程量	金额/元 综合单价	合价	其中 暂估价
64	011302001011	吊顶天棚	1. 部位、名称:辅助楼厨房,轻钢龙骨 300 mm×300 mm 集成铝扣板吊顶 2. 具体详见施工图纸及设计总说明,满足设计要求,符合国家相关施工及验收标准规范要求	m^2	30.530	114.62	3 499.35	
65	011304001001	灯带(槽)	1. 灯带型式、尺寸:筒灯孔(含 4 寸、5 寸、6 寸) 2. 其他说明:详见相关设计图纸、要求及规范	个	594.000	5.2	3 088.8	
66	011501020001	服务台	1. 名称:一层大厅服务台 2. 尺寸及做法:正立面尺寸为 5 000 mm(长)×1 050 mm(高),具体参见一层大厅装饰施工图(图纸编号 14、编号 15、编号 16) 3. 材料种类、规格:正面、背面为白色人造石饰面,木纹人造石饰面,304 不锈钢饰面,踢脚线 304 不锈钢饰面;顶台面内部刷白色聚酯漆,柜子抽屉刷白色聚酯漆;18 厘板骨架基层,9 厘板基层 4. 油漆品种、刷漆遍数:木基层刷防火涂料 3 遍 5. 其他说明:具体详见施工图纸及设计总说明	个	1.000	15 000	15 000	
67	011502001001	金属装饰线	1. 部位:辅助楼二层 2. 线条材料品种、规格、颜色:30 mm 宽不锈钢收口线条 3. 具体详见施工图纸及设计总说明,符合国家相关施工及验收标准规范要求	m	137.030	20.42	2 798.15	
本页小计							24 386.3	

注:为计取规费等的使用,可在表中增设其中:“定额人工费”。　　表-08

分部分项工程和单价措施项目清单与计价表

工程名称:装饰工程施工——装饰部分　　　　标段:　　　　第23页 共23页

<table>
<tr><th rowspan="3">序号</th><th rowspan="3">项目编码</th><th rowspan="3">项目名称</th><th rowspan="3">项目特征描述</th><th rowspan="3">计量单位</th><th rowspan="3">工程量</th><th colspan="3">金额/元</th></tr>
<tr><th rowspan="2">综合单价</th><th rowspan="2">合价</th><th>其中</th></tr>
<tr><th>暂估价</th></tr>
<tr><td>68</td><td>011502008001</td><td>成品水泥构件包下水管道</td><td>1. 基层类型:包下水管道
2. 水泥构件规格:成品20 mm厚直角水泥板,成型管封
3. 安装方式:膨胀螺丝墙面固定即可
4. 其他说明:具体详见施工图纸及设计总说明,符合国家相关施工及验收标准规范要求</td><td>m</td><td>72.800</td><td>80</td><td>5 824</td><td></td></tr>
<tr><td>69</td><td>011503001001</td><td>不锈钢窗户栏杆</td><td>1. 栏杆材料种类、规格:1.2 m高普通不锈钢护栏(无装饰玻璃)
2. 其他说明:具体详见施工图纸及设计总说明,符合国家相关施工及验收标准规范要求</td><td>m</td><td>275.650</td><td>144.84</td><td>39 925.15</td><td></td></tr>
<tr><td>70</td><td>011503001003</td><td>顶层女儿墙护栏</td><td>1. 栏杆材料种类、规格:原建筑施工图S-FJ-113图集12YJ8-16-2(后附此图04)
2. 其他说明:具体详见施工图纸及设计总说明,符合国家相关施工及验收标准规范要求</td><td>m</td><td>89.670</td><td>218.75</td><td>19 615.31</td><td></td></tr>
<tr><td>71</td><td></td><td>措施项目</td><td></td><td></td><td></td><td></td><td>25 708.14</td><td></td></tr>
<tr><td>72</td><td>011704001001</td><td>超高施工增加</td><td></td><td>项</td><td>1.000</td><td>3 715.91</td><td>3 715.91</td><td></td></tr>
<tr><td>73</td><td>011703001001</td><td>垂直运输</td><td></td><td>项</td><td>1.000</td><td>15 332.54</td><td>15 332.54</td><td></td></tr>
<tr><td>74</td><td>011701006001</td><td>满堂脚手架</td><td></td><td>项</td><td>1.000</td><td>6 659.69</td><td>6 659.69</td><td></td></tr>
<tr><td colspan="7">本页小计</td><td>91 072.6</td><td></td></tr>
<tr><td colspan="7">合计</td><td>3 013 118.04</td><td>1 387 211.64</td></tr>
</table>

注:为计取规费等的使用,可在表中增设其中:“定额人工费”。　　表-08

综合单价分析表（节选）

工程名称:装饰工程施工——装饰部分　　　　标段:　　　　第1页 共73页

<table>
<tr><td colspan="2">项目编码</td><td colspan="2">010401012001</td><td colspan="2">项目名称</td><td colspan="2">零星砌砖</td><td>计量单位</td><td>m^3</td><td>工程量</td><td>7.960</td></tr>
<tr><td colspan="12">清单综合单价组成明细</td></tr>
<tr><td rowspan="2">定额编号</td><td rowspan="2">定额项目名称</td><td rowspan="2">定额单位</td><td rowspan="2">数量</td><td colspan="4">单价</td><td colspan="4">合价</td></tr>
<tr><td>人工费</td><td>材料费</td><td>机械费</td><td>管理费和利润</td><td>人工费</td><td>材料费</td><td>机械费</td><td>管理费和利润</td></tr>
<tr><td>4-32 换</td><td>零星砌体 普通砖</td><td>10 m^3</td><td>0.1</td><td>1 791.1</td><td>2 300.25</td><td>38.39</td><td>775.41</td><td>179.11</td><td>230.03</td><td>3.84</td><td>77.54</td></tr>
<tr><td colspan="2">人工单价</td><td colspan="6">小计</td><td>179.11</td><td>230.03</td><td>3.84</td><td>77.54</td></tr>
<tr><td colspan="2">115.78 元/工日</td><td colspan="6">未计价材料费</td><td colspan="4"></td></tr>
<tr><td colspan="8">清单项目综合单价</td><td colspan="4">490.53</td></tr>
<tr><td rowspan="3">材料费明细</td><td colspan="5">主要材料名称、规格、型号</td><td>单位</td><td>数量</td><td>单价/元</td><td>合价/元</td><td>暂估单价/元</td><td>暂估合价/元</td></tr>
<tr><td colspan="7">其他材料费</td><td>—</td><td>230.03</td><td>—</td><td></td></tr>
<tr><td colspan="7">材料费小计</td><td>—</td><td>230.03</td><td>—</td><td></td></tr>
<tr><td></td><td colspan="5"></td><td></td><td></td><td></td><td></td><td></td><td></td></tr>
<tr><td></td><td colspan="5"></td><td></td><td></td><td></td><td></td><td></td><td></td></tr>
</table>

注:①如不使用省级或行业建设主管部门发布的计价依据,可不填定额编号、名称等。
②招标文件提供了暂估单价的材料,按暂估的单价填入表内“暂估单价”栏及“暂估合价”栏。

表-09

综合单价分析表(节选)

工程名称:装饰工程施工——装饰部分　　　　标段:　　　　第 2 页 共 73 页

<table>
<tr><td colspan="2">项目编码</td><td colspan="2">010402001001</td><td colspan="2">项目名称</td><td colspan="2">成品轻质隔墙</td><td>计量单位</td><td>m²</td><td>工程量</td><td>337.230</td></tr>
<tr><td colspan="12">清单综合单价组成明细</td></tr>
<tr><td rowspan="2">定额编号</td><td rowspan="2">定额项目名称</td><td rowspan="2">定额单位</td><td rowspan="2">数量</td><td colspan="4">单价</td><td colspan="4">合价</td></tr>
<tr><td>人工费</td><td>材料费</td><td>机械费</td><td>管理费和利润</td><td>人工费</td><td>材料费</td><td>机械费</td><td>管理费和利润</td></tr>
<tr><td>D000001</td><td>成品轻质隔墙——100 mm 厚陶粒板隔墙</td><td>m²</td><td>1</td><td></td><td>95</td><td></td><td></td><td></td><td>95</td><td></td><td></td></tr>
<tr><td colspan="2">人工单价</td><td colspan="6">小计</td><td></td><td>95</td><td></td><td></td></tr>
<tr><td colspan="2">0 元/工日</td><td colspan="6">未计价材料费</td><td colspan="4"></td></tr>
<tr><td colspan="8">清单项目综合单价</td><td colspan="4">95</td></tr>
<tr><td rowspan="4">材料费明细</td><td colspan="5">主要材料名称、规格、型号</td><td>单位</td><td>数量</td><td>单价/元</td><td>合价/元</td><td>暂估单价/元</td><td>暂估合价/元</td></tr>
<tr><td colspan="5">成品轻质隔墙——100 mm 厚陶粒板隔墙</td><td>m²</td><td>1</td><td>95</td><td>95</td><td></td><td></td></tr>
<tr><td colspan="7">材料费小计</td><td>—</td><td>95</td><td>—</td><td></td></tr>
<tr><td colspan="5"></td><td></td><td></td><td></td><td></td><td></td><td></td></tr>
</table>

注:①如不使用省级或行业建设主管部门发布的计价依据,可不填定额编号、名称等。
②招标文件提供了暂估单价的材料,按暂估的单价填入表内“暂估单价”栏及“暂估合价”栏。

表-09

综合单价分析表（节选）

工程名称：装饰工程施工——装饰部分　　　　标段：　　　　第 3 页 共 73 页

项目编码		010801001001		项目名称		成品带套实木门		计量单位	樘	工程量	56.000
清单综合单价组成明细											
定额编号	定额项目名称	定额单位	数量	单价				合价			
				人工费	材料费	机械费	管理费和利润	人工费	材料费	机械费	管理费和利润
8-3 换	成品套装木门安装 单扇门	10 樘	0.1	416.48	16 102.63		119.59	41.65	1 610.26		11.96
人工单价		小计						41.65	1 610.26		11.96
114.24 元/工日		未计价材料费									
清单项目综合单价								1 663.87			
材料费明细	主要材料名称、规格、型号					单位	数量	单价/元	合价/元	暂估单价/元	暂估合价/元
	M1021 800 mm×2 700 mm					樘	0.989 9			1 600	1 583.84
	其他材料费							—	26.49	—	
	材料费小计							—	26.5	—	1 583.84

注：①如不使用省级或行业建设主管部门发布的计价依据，可不填定额编号、名称等。

②招标文件提供了暂估单价的材料，按暂估的单价填入表内“暂估单价”栏及“暂估合价”栏。

表-09

综合单价分析表（节选）

工程名称:装饰工程施工——装饰部分　　标段:　　第 4 页 共 73 页

<table>
<tr><td colspan="2">项目编码</td><td colspan="2">010801001002</td><td>项目名称</td><td colspan="3">成品带套实木门</td><td>计量单位</td><td>樘</td><td>工程量</td><td>21.000</td></tr>
<tr><td colspan="12">清单综合单价组成明细</td></tr>
<tr><td rowspan="2">定额编号</td><td rowspan="2">定额项目名称</td><td rowspan="2">定额单位</td><td rowspan="2">数量</td><td colspan="4">单价</td><td colspan="4">合价</td></tr>
<tr><td>人工费</td><td>材料费</td><td>机械费</td><td>管理费和利润</td><td>人工费</td><td>材料费</td><td>机械费</td><td>管理费和利润</td></tr>
<tr><td>8-4 换</td><td>成品套装木门安装 双扇门</td><td>10 樘</td><td>0.1</td><td>612.3</td><td>26 275.4</td><td></td><td>175.82</td><td>61.23</td><td>2 627.54</td><td></td><td>17.58</td></tr>
<tr><td colspan="2">人工单价</td><td colspan="6">小计</td><td>61.23</td><td>2 627.54</td><td></td><td>17.58</td></tr>
<tr><td colspan="2">114.24 元/工日</td><td colspan="6">未计价材料费</td><td colspan="4"></td></tr>
<tr><td colspan="8">清单项目综合单价</td><td colspan="4">2 706.36</td></tr>
<tr><td rowspan="4">材料费明细</td><td colspan="4">主要材料名称、规格、型号</td><td>单位</td><td>数量</td><td>单价/元</td><td>合价/元</td><td>暂估单价/元</td><td>暂估合价/元</td></tr>
<tr><td colspan="4">双扇套装平开实木门 M1521</td><td>樘</td><td>0.990 9</td><td></td><td></td><td>2 600</td><td>2 576.34</td></tr>
<tr><td colspan="6">其他材料费</td><td>—</td><td>51.3</td><td>—</td><td></td></tr>
<tr><td colspan="6">材料费小计</td><td>—</td><td>51.3</td><td>—</td><td>2 576.34</td></tr>
<tr><td></td><td colspan="4"></td><td></td><td></td><td></td><td></td><td></td><td></td></tr>
</table>

注:①如不使用省级或行业建设主管部门发布的计价依据,可不填定额编号、名称等。

②招标文件提供了暂估单价的材料,按暂估的单价填入表内“暂估单价”栏及“暂估合价”栏。

表-09

综合单价分析表(节选)

工程名称:装饰工程施工——装饰部分　　　　标段:　　　　第5页 共73页

项目编码		010801001003		项目名称		成品带套实木门		计量单位	樘	工程量	1.000
清单综合单价组成明细											
定额编号	定额项目名称	定额单位	数量	单价				合价			
				人工费	材料费	机械费	管理费和利润	人工费	材料费	机械费	管理费和利润
8-4换	成品套装木门安装 双扇门	10樘	0.1	610.69	20 276.96		175.82	61.07	2 027.7		17.58
人工单价		小计						61.07	2 027.7		17.58
114.24元/工日		未计价材料费									
清单项目综合单价								2106.36			
材料费明细	主要材料名称、规格、型号					单位	数量	单价/元	合价/元	暂估单价/元	暂估合价/元
	其他材料费							—	51.17	—	1 976.6
	材料费小计							—	51.18	—	1 976.6

注:①如不使用省级或行业建设主管部门发布的计价依据,可不填定额编号、名称等。

②招标文件提供了暂估单价的材料,按暂估的单价填入表内"暂估单价"栏及"暂估合价"栏。

表-09

综合单价分析表(节选)

工程名称:装饰工程施工——装饰部分　　　　标段:　　　　第 6 页 共 73 页

项目编码		010801002002		项目名称		隐形门		计量单位	m^2	工程量	2.400
清单综合单价组成明细											
定额编号	定额项目名称	定额单位	数量	单价				合价			
				人工费	材料费	机械费	管理费和利润	人工费	材料费	机械费	管理费和利润
8-1 换	成品木门扇安装	100 m^2	0.01	1 331.84	90 951.5		381.19	13.32	909.52		3.81
人工单价		小计						13.32	909.52		3.81
114.23 元/工日		未计价材料费									
清单项目综合单价								926.65			
材料费明细	主要材料名称、规格、型号					单位	数量	单价/元	合价/元	暂估单价/元	暂估合价/元
	其他材料费							—	909.45	—	
	材料费小计							—	909.45	—	

注:①如不使用省级或行业建设主管部门发布的计价依据,可不填定额编号、名称等。

②招标文件提供了暂估单价的材料,按暂估的单价填入表内“暂估单价”栏及“暂估合价”栏。

表-09

综合单价分析表(节选)

工程名称:装饰工程施工——装饰部分　　　　标段:　　　　第7页 共73页

项目编码		010802003002		项目名称		钢质防火门		计量单位	m^2	工程量	284.250
清单综合单价组成明细											
定额编号	定额项目名称	定额单位	数量	单价				合价			
				人工费	材料费	机械费	管理费和利润	人工费	材料费	机械费	管理费和利润
8-13 换	钢质防火门安装	100 m^2	0.01	3 547.47	67 850.45		1 023.68	35.47	678.5		10.24
人工单价		小计						35.47	678.5		10.24
114.24 元/工日		未计价材料费									
清单项目综合单价								724.2			
材料费明细	主要材料名称、规格、型号					单位	数量	单价/元	合价/元	暂估单价/元	暂估合价/元
	成品乙级钢质防火门 乙级					m^2	0.9685			700	677.95
	其他材料费							—	0.54	—	
	材料费小计							—	0.54	—	677.95

注:①如不使用省级或行业建设主管部门发布的计价依据,可不填定额编号、名称等。

②招标文件提供了暂估单价的材料,按暂估的单价填入表内“暂估单价”栏及“暂估合价”栏。

表-09

综合单价分析表(节选)

工程名称:装饰工程施工——装饰部分　　　　标段:　　　　第 8 页 共 73 页

项目编码		010807001001		项目名称		金属(塑钢、断桥)窗		计量单位	m^2	工程量	1.560
清单综合单价组成明细											
定额编号	定额项目名称	定额单位	数量	单价				合价			
				人工费	材料费	机械费	管理费和利润	人工费	材料费	机械费	管理费和利润
8-76 换	塑钢成品窗安装 阳台封闭	100 m^2	0.01	2 522.12	24 187.72		745.5	25.22	241.88		7.46
人工单价		小计						25.22	241.88		7.46
114.26 元/工日		未计价材料费									
清单项目综合单价								274.56			
材料费明细	主要材料名称、规格、型号					单位	数量	单价/元	合价/元	暂估单价/元	暂估合价/元
	其他材料费							—	241.87	—	
	材料费小计							—	241.87	—	

注:①如不使用省级或行业建设主管部门发布的计价依据,可不填定额编号、名称等。

②招标文件提供了暂估单价的材料,按暂估的单价填入表内“暂估单价”栏及“暂估合价”栏。

表-09

综合单价分析表(节选)

工程名称:装饰工程施工——装饰部分　　　　标段:　　　　第9页 共73页

项目编码		010807001003		项目名称		金属(塑钢、断桥)窗		计量单位	m^2	工程量	2.700
清单综合单价组成明细											
定额编号	定额项目名称	定额单位	数量	单价				合价			
				人工费	材料费	机械费	管理费和利润	人工费	材料费	机械费	管理费和利润
8-76换	塑钢成品窗安装 阳台封闭	100 m^2	0.01	2 522.12	24 187.69		745.5	25.22	241.88		7.46
人工单价		小计						25.22	241.88		7.46
114.25元/工日		未计价材料费									
清单项目综合单价								274.56			
材料费明细	主要材料名称、规格、型号					单位	数量	单价/元	合价/元	暂估单价/元	暂估合价/元
	其他材料费							—	241.87	—	
	材料费小计							—	241.87	—	

注:①如不使用省级或行业建设主管部门发布的计价依据,可不填定额编号、名称等。

②招标文件提供了暂估单价的材料,按暂估的单价填入表内“暂估单价”栏及“暂估合价”栏。

表-09

综合单价分析表(节选)

工程名称:装饰工程施工——装饰部分　　　　标段:　　　　第 10 页 共 73 页

项目编码		010807001004		项目名称		金属(塑钢、断桥)窗		计量单位	m^2	工程量	110.700
清单综合单价组成明细											
定额编号	定额项目名称	定额单位	数量	单价				合价			
				人工费	材料费	机械费	管理费和利润	人工费	材料费	机械费	管理费和利润
8-73 换	塑钢成品窗安装 推拉	100 m^2	0.01	1 658.23	25 955.99		483.24	16.58	259.56		4.83
人工单价		小计						16.58	259.56		4.83
114.24 元/工日		未计价材料费									
清单项目综合单价								280.97			
材料费明细	主要材料名称、规格、型号					单位	数量	单价/元	合价/元	暂估单价/元	暂估合价/元
	60 系列塑钢固定密封窗(含 5 mm 厚玻璃)					m^2	0.9226	195	179.91		
	其他材料费							—	79.65	—	
	材料费小计							—	259.56	—	

注:①如不使用省级或行业建设主管部门发布的计价依据,可不填定额编号、名称等。

②招标文件提供了暂估单价的材料,按暂估的单价填入表内“暂估单价”栏及“暂估合价”栏。

表-09

总价措施项目清单与计价表

工程名称:装饰工程施工——装饰部分　　　　标段:　　　　第 1 页 共 1 页

序号	项目编码	项目名称	计算基础	费率/%	金额/元	调整费率/%	调整后金额/元	备注
1	011707001001	安全文明施工费	分部分项安全文明施工费+单价措施安全文明施工费		50 239.61			
2	01	其他措施费(费率类)						
2.1	011707002001	夜间施工增加费	分部分项其他措施费+单价措施其他措施费	0				
2.2	011707004001	二次搬运费	分部分项其他措施费+单价措施其他措施费	0				
2.3	011707005001	冬雨季施工增加费	分部分项其他措施费+单价措施其他措施费	0				
3	02	其他(费率类)						
合计					50 239.61			

编制人(造价人员):　　　　复核人(造价工程师):

注:①"计算基础"中安全文明施工费可为"定额基价""定额人工费"或"定额人工费+定额机械费",其他项目可为"定额人工费"或"定额人工费+定额机械费"。

②按施工方案计算的措施费,若无"计算基础"和"费率"的数值,可只填"金额"数值,但应在备注栏说明施工方案出处或计算方法。

表-11

其他项目清单与计价汇总表

工程名称:装饰工程施工——装饰部分　　　　标段:　　　　第 1 页 共 1 页

序号	项目名称	金额/元	结算金额/元	备注
1	暂列金额			明细详见表-12-1
2	暂估价	70 208		
2.1	材料(工程设备)暂估价	—		明细详见表-12-2
2.2	专业工程暂估价	70 208		明细详见表-12-3
3	计日工			明细详见表-12-4
4	总承包服务费			明细详见表-12-5
合计		70 208		—

注:材料(工程设备)暂估单价进入清单项目综合单价,此处不汇总。　　表-12

暂列金额明细表

工程名称:装饰工程施工——装饰部分　　　　标段:　　　　第 1 页 共 1 页

序号	项目名称	计量单位	暂列金额/元	备注
合计				—

注:此表由招标人填写,如不能详列,可只列暂列金额总额,投标人应将上述暂列金额计入投标总价中。　　表-12-1

材料(工程设备)暂估单价及调整表

工程名称:装饰工程施工——装饰部分　　　　标段:　　　　第1页 共1页

序号	材料(工程设备)名称、规格、型号	计量单位	数量		暂估/元		确认/元		差额±/元		备注
			暂估	确认	单价	合价	单价	合价	单价	合价	
1	25 mm 厚200 宽深啡网纹过门石	m^2	45.418 221		150	6 812.73					
2	地砖 300 mm×300 mm	m^2	271.052 425		60	16 263.15					
3	800 mm×800 mm 抗菌纳米银釉面地砖	m^2	4 468.311 154		120	536 197.34					
4	25 mm 厚深啡网纹石材波导线	m^2	18.510 506		150	2 776.58					
5	200 mm 宽深啡网纹波导线地板砖	m^2	20.266 567		120	2 431.99					
6	600 mm×600 mm 石材防滑地砖	m^2	156.772 859		60	9 406.37					
7	12 mm 厚深啡网纹地砖踢脚线综合	m^2	56.921 526		120	6 830.58					
8	25 mm 厚深啡网纹石材踢脚线	m^2	69.655 135		150	10 448.27					
9	抗菌纳米银 600 mm×1 200 mm 玻化砖 600 mm×800 mm(厚≥13 mm)	m^2	539.507 479		240	129 481.79					
10	300 mm×450mm 抗菌纳米银	m^2			80						
11	800 mm×800 mm 抗菌纳米银玻化砖饰面 综合	m^2	14.335 668		120	1 720.28					
12	600 mm×600 mm×1.0mm 全孔欧立斯铝扣板	m^2	1 925.665 415		170	327 363.12					
13	双扇套装平开实木门 M1221	樘	0.988 266		2 000	1 976.53					
14	双扇套装平开实木门 M1521	樘	20.808 15		2 600	54 101.19					
15	M1021 800 mm×2 700 mm	樘	55.432 216		1 600	88 691.55					
16	成品乙级钢质防火门	m^2	275.300 241		700	192 710.17					
合计						1 387 211.64					

注:此表由招标人填写“暂估单价”,并在备注栏说明暂估价的材料、工程设备拟用在哪些清单项目上,投标人应将上述材料、工程设备暂估单价计入工程量清单综合单价报价中。

表-12-2

专业工程暂估价及结算价表

工程名称:装饰工程施工——装饰部分　　　　标段:　　　　第 1 页 共 1 页

序号	工程名称	工程内容	暂估金额/元	结算金额/元	差额±/元	备注
1			70 208			
合计			70 208			—

注:此表“暂估金额”由招标人填写,投标人应将“暂估金额”计入投标总价中。结算时按合同约定结算金额填写。

表-12-3

规费、税金项目计价表

工程名称:装饰工程施工——装饰部分　　　　标段:　　　　第 1 页 共 1 页

序号	项目名称	计算基础	计算基数	计算费率/%	金额/元
1	规费	定额规费+工程排污费+其他	62 294.28		62 294.28
1.1	定额规费	分部分项规费+单价措施规费	62 294.28		62 294.28
1.2	工程排污费				
1.3	其他				
2	增值税	不含税工程造价合计	3 195 859.93		
合计					62 294.28

编制人(造价人员):　　　　复核人(造价工程师):　　　　表-13

项目 6　措施项目计量与计价

任务 1　措施项目基本知识

6.1.1　措施项目清单的概念

措施项目是为完成工程项目施工，发生于该工程施工准备和施工过程中的技术、生活、安全、环境保护等方面的非工程实体项目。

6.1.2　措施项目的分类

通用措施项目：对所有专业都通用的。

专业措施项目：指某个专业所特有的措施项目。

1)通用措施项目

①环境保护；

②文明施工；

③安全施工；

④临时设施；

⑤夜间施工；

⑥二次搬运；

⑦大型机械设备进出场及安拆；

⑧混凝土、钢筋混凝土模板及支架；

⑨脚手架；

⑩已完工程及设备保护；

⑪施工排水、降水；

⑫冬雨季施工；

⑬地上、地下设施，建筑物的临时保护设施。

2）专业措施项目

（1）建筑工程

建筑工程专业措施项目包括垂直运输机械。

（2）装饰工程

装饰工程专业措施项目包括：

①垂直运输机械；

②室内空气污染测试。

（3）安装工程

安装工程专业措施项目包括：

①组装平台；

②设备、管道施工的安全、防冻和焊接保护措施；

③压力容器和高压管道的检验；

④焦炉施工大棚；

⑤焦炉烘炉、热态工程；

⑥管道安装后的充气保护措施；

⑦隧道内施工的通风、供水、供气、供电、照明及通信设施；

⑧现场施工围栏；

⑨长输管道临时水工保护设施；

⑩长输管道施工便道；

⑪长输管道跨越或穿越施工措施；

⑫长输管道地下穿越地上建筑物的保护措施；

⑬长输管道工程施工队伍调遣；

⑭格架式抱杆。

（4）市政工程

市政工程专业措施项目包括：

①围堰；

②筑岛；

③现场施工围栏；

④便道；

⑤便桥；

⑥洞内施工的通风、供水、供气、供电、照明及通信设施；

⑦驳岸块石清理。

任务 2　措施项目费的计算

6.2.1　总价措施项目费

总价措施项目费是按“项”取费的项目。单价措施项目费是可按综合单价计取费用的项目，如脚手架、模板、大型机械安拆费等就采用综合单价计取措施费。总价措施项目费一般以相应的基数乘以相关的费率得到相应的费用，不用计算工程量，如临时设施费、安全文明措施费、冬雨季施工费等。

总价措施项目又称为组织措施，包括安全文明施工费（环境保护费、文明施工费、安全施工费、临时设施费）、其他总价措施项目费（夜间施工增加费、二次搬运费、已完工程及设备保护费、冬雨季施工增加费、工程定位复测费、施工因素增加费），如图 6.1 和表 6.1 所示。

计算公式＝计算基数×相应费率＝（YSRGF+YSJXF+JSCS_YSRGF+JSCS_YSJXF）

注：YSRGF 表示预算人工费，YSJXF 表示预算机械费，JSCS_YSRGF 表示技术措施预算人工费，JSCS_YSJXF 表示技术措施预算机械费。

序号	类别	名称	单位	项目特	组价方式	计算基数	费率(%)	工程量
		措施项目						
一		安全文明施工费						
011707001001		环境保护费	项		计算公式组价	YSRGF+YSJXF+JSCS_YSRGF+JSCS_YSJXF	0.77	1
011707001002		文明施工费	项		计算公式组价	YSRGF+YSJXF+JSCS_YSRGF+JSCS_YSJXF	1.24	1
011707001003		安全施工费	项		计算公式组价	YSRGF+YSJXF+JSCS_YSRGF+JSCS_YSJXF	8.87	1
011707001004		临时设施费	项		计算公式组价	YSRGF+YSJXF+JSCS_YSRGF+JSCS_YSJXF	4.16	1
二		其他总价措施项目						
011707002001		夜间施工增加费	项		计算公式组价	YSRGF+YSJXF+JSCS_YSRGF+JSCS_YSJXF	1.86	1
011707004001		二次搬运费	项		计算公式组价	YSRGF+YSJXF+JSCS_YSRGF+JSCS_YSJXF	2.44	1
011707007001		已完工程及设备保护费	项		计算公式组价	YSRGF+YSJXF+JSCS_YSRGF+JSCS_YSJXF	0.1	1
011707005001		冬雨季施工增加费	项		计算公式组价	YSRGF+YSJXF+JSCS_YSRGF+JSCS_YSJXF	2.44	1
01B001		工程定位复测费	项		计算公式组价	YSRGF+YSJXF+JSCS_YSRGF+JSCS_YSJXF	0.5	1
01B002		施工因素增加费	项		计算公式组价	YSRGF+YSJXF+JSCS_YSRGF+JSCS_YSJXF	0	1
01B003		特殊地区增加费	项		计算公式组价	YSRGF+YSJXF+JSCS_YSRGF+JSCS_YSJXF	0	1
三		单价措施项目						
		自动提示：请输入名称简称			可计量清单			1
	定	自动提示：请输入名称简称						0

图 6.1　总价措施项目构成

表 6.1　总价措施项目清单与计表

工程名称：　　　　　　　　　　　　标段：

序号	项目编码	项目名称	计算基础	费率/%	金额/元	调整费率/%	调整后金额/元	备注
	一	安全文明施工费						
1	011707001001	环境保护费	人工费+机械费	0.77				
2	011707001002	文明施工费	人工费+机械费	1.24				
3	011707001003	安全施工费	人工费+机械费	8.87				
4	011707001004	临时设施费	人工费+机械费	4.16				

续表

序号	项目编码	项目名称	计算基础	费率/%	金额/元	调整费率/%	调整后金额/元	备注
	二	其他总价措施项目						
5	011707002001	夜间施工增加费	人工费机械费	1.86				
6	011707004001	二次搬运费	人工费+机械费	2.44				
7	011707007001	已完工程及设备保护费	人工费+机械费	0.1				
8	011707005001	冬雨季施工增加费	人工费+机械费	2.44				
9	01B001	工程定位复测费	人工费+机械费	0.5				
10	01B002	施工因素增加费	人工费+机械费	0				
11	01B003	特殊地区增加费	人工费+机械费	0				

6.2.2 单价措施项目费(技术措施项目)

①总价措施项目以“项” 为计量单位,工程量为“1”。

②在通用措施项目清单和专业措施项目清单中,措施项目清单工程量的计算可分为措施项目清单(一)和措施项目清单(二)。

“可计量清单”即单价措施的计算类似于分部分项工程量的计算方法,如图6.2所示。

	三		单价措施项目			
12	011701001001		综合脚手架	m²		可计量清单
13	011707007001		已完工程及设备保护			可计量清单
14	011707006001		地上、地下设施、建筑物的临时保护设施			可计量清单
15	011707004001		二次搬运			可计量清单
16	011707003001		非夜间施工照明			可计量清单
17	011707002001		夜间施工			可计量清单
18	011703001001		垂直运输	m²		可计量清单
19	011704001001		超高施工增加	m²		可计量清单
20	011706002001		排水、降水	昼夜		可计量清单

图6.2 单价措施项目构成图

1)脚手架

脚手架是专门为高空施工作业、堆放和运送材料、保证施工过程工人安全而设置的架设工具或操作平台。脚手架不形成工程实体,属于技术措施项目。脚手架可根据与施工对象的位置关系、支承特点、结构形式以及使用的材料等划分为多种类型。

(1)按照与建筑物的位置关系划分

①外脚手架:外脚手架沿建筑物外围从地面搭起,既可用于外墙砌筑,又可用于外装饰施工。其主要形式有多立杆式、框式、桥式等。多立杆式应用最广,框式次之,桥式应用最少。扣件式钢管脚手架(图6.3)属于多立杆式外脚手架的一种。如图6.4所示为吊篮脚手架示意图。

②内脚手架(里脚手架):里脚手架搭设于建筑物内部,每砌完一层墙后,即将其转移到上一层楼面,进行新的一层砌体砌筑,可用于内外墙砌筑和室内装饰施工。里脚手架用料少,但装拆频繁,故要求轻便灵活、装拆方便。其结构形式有折叠式(图6.5)、支柱式等。

③多立杆式脚手架(图6.6)分为双排式和单排式两种形式。双排式沿外墙侧设两排立杆,小横杆两端支承在内外二排立杆上,多、高层房屋均可采用,当房屋高度超过50m时,需专门设计。单排式沿外墙侧仅设一排立杆,其小横杆与大横杆连接,另一端支承在墙上,仅适用于荷载较小、高度较低(≤25 m)、墙体有一定强度的多层房屋。

④脚手板:脚手板一般用厚2 mm的钢板压制而成,长度2~4 m,宽度250 mm,表面应有防滑措施;也可采用厚度不小于50 mm的杉木板或松木板,长度3~6 m,宽度200~250 mm;或者采用竹脚手板,有竹笆板和竹片板两种形式。脚手板的材质应符合规定,且不得有超过允许的变形和缺陷。

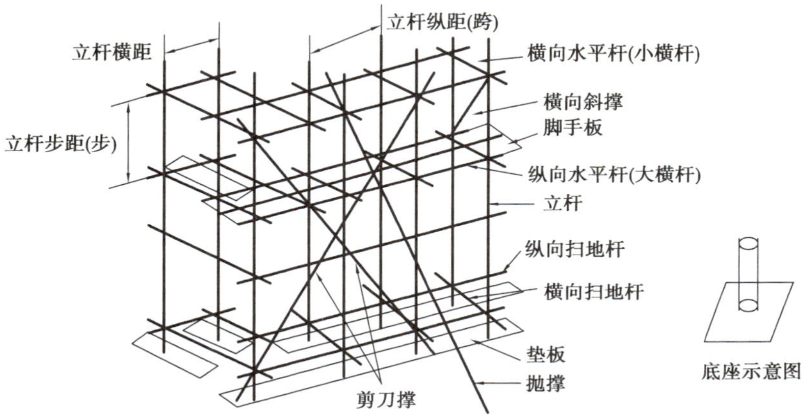

注:图中未画出挡脚板、栏杆、连墙件及各种扣件。

图6.3　扣件式钢管脚手架构成示意图

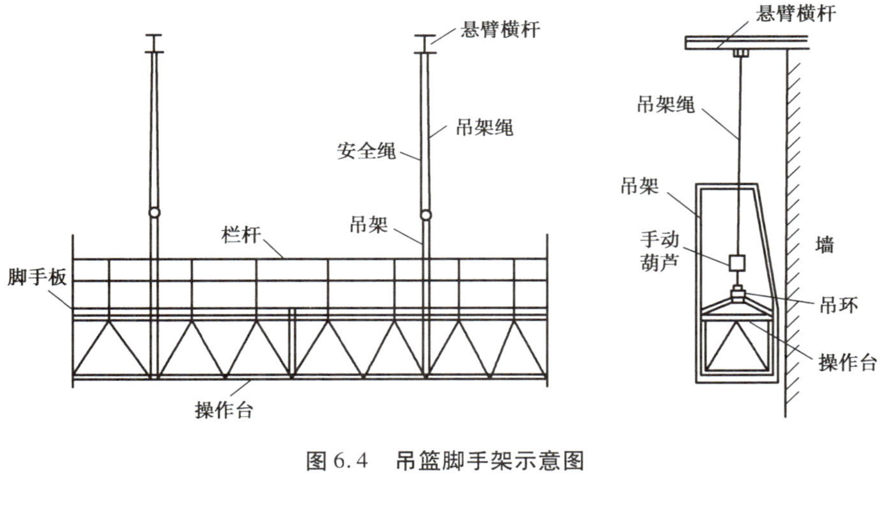

图6.4　吊篮脚手架示意图

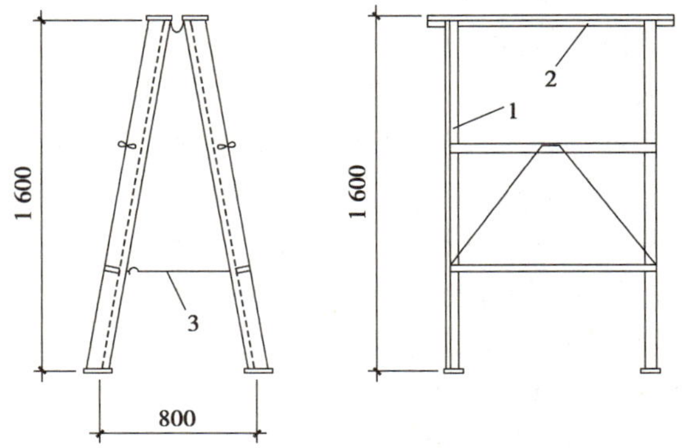

图 6.5　折叠式里脚手架

1—立柱;2—横楞;3—挂钩

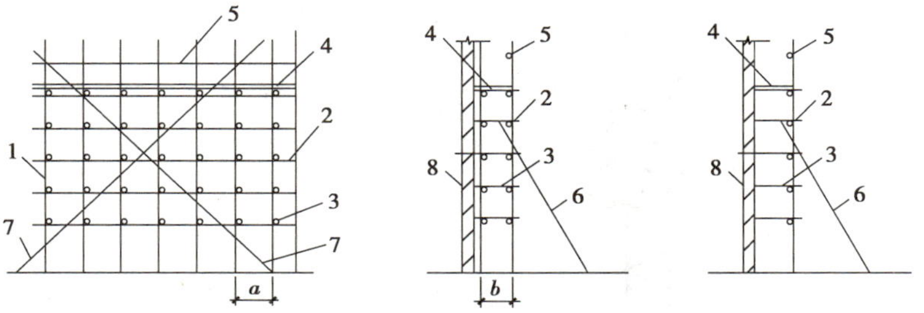

(a)立面　　(b)侧面(双排)　　(c)侧面(单排)

图 6.6　多立杆式脚手架

1—立杆;2—大横杆;3—小横杆;4—脚手板;5—栏杆;6—抛撑;7—斜撑（剪刀撑）;8—墙体

⑤挑脚手架:挑脚手架是从窗口挑出的横杆或斜杆组成挑出式支架,再设置栏杆,铺设脚手板构成的脚手架(图 6.7)。斜杆可用墙上的预埋铁件支托。横杆和斜杆可由同一个窗口挑出,挑出宽度不大于 1 m;或从窗口挑出横杆,斜杆支撑在下一楼层的窗台或墙上的预埋铁件上,挑出宽度一般不大于 1.2 m。

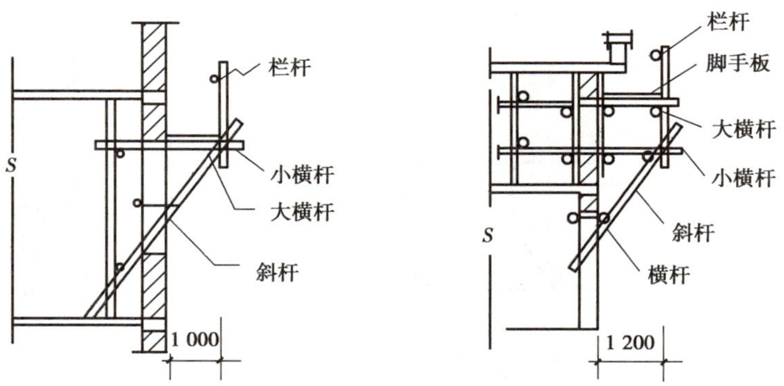

(a)横杆与斜杆从一个窗口挑出　　(b)斜杆支撑在一层窗台上

图 6.7　挑脚手架示意图

(2)综合脚手架

为了简化脚手架工程量的计算,一些地区以建筑面积为综合脚手架的工程量。综合脚手架的工程量就是建筑面积,单位为 m^2。综合脚手架中包括了砌筑、浇注、吊装、抹灰等所需脚手架材料的摊销量;综合了木制、竹制、钢管脚手架等,但不包括浇灌满堂基础等脚手架项目。

(3)单项脚手架

根据工程具体情况按不同搭设方式搭设脚手架,包括单排脚手架、双排脚手架、里脚手架、满堂脚手架、悬空脚手架、挑脚手架、防护架、烟囱(水塔)脚手架、电梯井字架、架空运输道等。竹制脚手架按双排计算。

建筑物外墙脚手架的工程量按外墙外围长度乘以外墙高度以"m^2"计算。外墙高度是指设计室外地坪至檐口滴水的高度;山墙部分按山墙平均高度计算;带女儿墙的建筑物,其高度算至女儿墙顶。室外砌筑高度在 15 m 以内的按单排脚手架计算,砌筑高度在 15 m 以上或高度虽不足 15 m,但外墙门窗及装饰面积超过外墙表面积 60% 时均按双排脚手架计算。

(4)围墙脚手架

凡室外自然地坪至围墙顶面的砌筑高度低于 3.6 m,按里脚手架计算;高于 3.6 m 按单排脚手架计算。砌筑高度超过 1.0 m 时,按外脚手架计算。

(5)装饰工程脚手架

详见"项目 5　装饰装修工程计量与计价"中任务 7 部分。

(6)其他脚手架

①水平防护架,其工程量按实际铺板的水平投影面积以"m^2"计算。

②垂直防护架,其工程量按自然地坪至最上一层横杆之间的搭设高度乘以实际搭设长度,以"m^2"计算。

③烟囱、水塔脚手架,区别不同搭设高度以"座"计算。

④电梯安装脚手架区别不同搭设高度以"座"计算。

2)模板、垂直运输及超高增加费

(1)混凝土模板及支撑工程

①现浇混凝土及钢筋混凝土模板。

a. 现浇混凝土及钢筋混凝土模板工程量除另有规定者外,均按混凝土与模板的接触面积以"m^2"计算。

b. 钢筋混凝土墙、板上单孔面积在 0.3 m^2 以内的孔洞,不予扣除,洞侧壁模板不另增加,但突出墙面的侧壁模板应相应增加。单孔面积在 0.3 m^2 以外的孔洞,应予扣除,洞侧壁模板面积并入墙、板模板工程量之内计算。

c. 构造柱外露均应按图示外露部分计算面积(锯齿形则按锯齿形最宽面计算模板宽度),构造柱与墙接触面不计算模板面积。

d. 现浇混凝土雨篷、阳台、水平挑板,按图示挑出墙面以外板底尺寸的水平投影面积计算。

②现场预制钢筋混凝土构件。

a. 现场预制钢筋混凝土构件模板工程量,除另有规定者外,均按模板接触面积以"m^2"计算。

b. 镂空花格窗按外围面积计算。

c. 预制桩不扣除桩尖虚体积。

【例 6.1】如图 6.8 所示独立基础 6 个，独立基础截面尺寸 1 200 mm×1 200 mm×350 mm (h)，垫层为 1 400 mm×1 400 mm×100 mm(h)，基础柱截面为 300 mm×300 mm，中间基础梁截面为 300 mm×400 mm(h)，组合钢模板，请计算模板工程量。

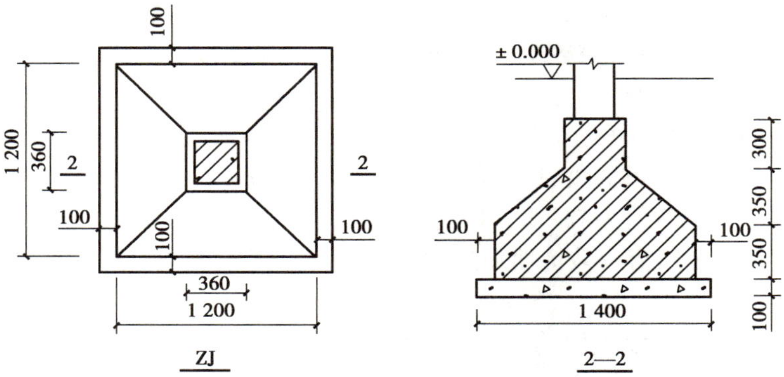

图 6.8 独立基础示意图

解：模板工程量按实际接触面计算。

垫层模板：$S=5.6×0.1×6=3.36(m^2)$(周长×高×个数)

基础模板：$S_下=1.2×4×0.35=1.68(m^2)$(周长×高)(基础顶面及基础斜面均支模板)

$S_上=(0.36×0.36-0.3×0.3)+(0.36+1.2)×0.553×1/2×4$ 面 $=0.0396+1.725=1.765(m^2)$ [锥坡高度(梯形高度 0.553)]

独立基础模板工程量：$S=(1.68+1.765)\ m^2×6=3.445×6=20.667(m^2)$

基础柱模板：$S=(0.36×4×0.3-0.4×0.3×2)\ m^2×6$ 个 $=1.152\ m^2$[(周长×高-梁头接触部位面积)×个数]

(2)垂直运输及超高增加

①建筑物垂直运输按不同层数的檐高，以建筑面积计算。

a. 檐高是指室外设计地坪至檐口的高度，突出主建筑屋顶的楼梯间、水箱间等不计入檐口高度之内。

b. 檐高 3.6 m 以内的单层建筑不计算垂直运输机械台班。

c. 计取建筑物垂直运输时，只需满足层数或檐高其中一项，即可执行定额中的相应项目。

- 层数未达 6 层(含 6 层)、檐高未达 20 m，高度取定 20 m 以内；
- 层数未达 6 层(含 6 层)且檐高超过 20 m，高度取定 20 m 以上；
- 层数 6 层以上(不含 6 层)，檐高未达到 20 m 时，高度取定 20 m 以上。

②±0.00 以下垂直运输。

a. 满堂基础与地下室执行±0.00 以下垂直运输相应定额。

b. 钢筋混凝土满堂基础深度(基础底标高)大于 3 m 时(不包括本身)按满堂基础体积以"m^3"计算。

c. 地下室垂直运输按不同层数以建筑面积计算。

d. 砖地下室执行钢筋混凝土相应定额项目乘以系数 0.75。

【例 6.2】如图 6.9 所示的有梁板，现浇板厚度 100 mm，主梁截面 300 mm×700 mm(h)，次梁截面 300 mm×400 mm(h)，250 mm×400 mm(h)，请计算板、梁模板工程量。

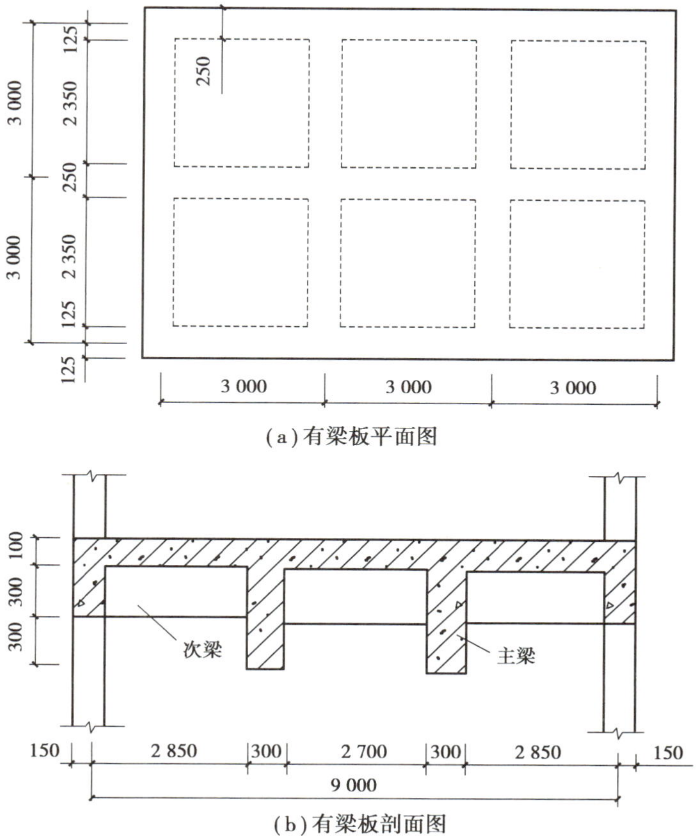

图 6.9　有梁板平面图、剖面图

解：板模板接触面积(长×宽×相同房间数)：$S=(3-0.3)\times(3-0.3)\times6=43.74(\text{m}^2)$

梁模板接触面积=(底面+侧面×2)×梁净长×根数

主梁(300 mm×700 mm)：$S=(0.3+0.3\times2)\times(6-0.3)\times2=41.004(\text{m}^2)$

次梁(300 mm×400 mm)：$S=(0.3+0.3\times2)\times(9-0.3\times2)\times1=30.24(\text{m}^2)$

次梁(250 mm×400 mm)：$S=(0.25+0.4\times2)\times(9+6)\times2=31.5(\text{m}^2)$

注：在计算板底肋梁时，板底肋梁的模板计算高度为梁截面高度-现浇板高度，扣除现浇板厚度 100 mm。

重点：在现浇板外围的梁模板要计算全高，如上面例题计算的，外围梁模板高度为 0.4 m。

③构筑物垂直运输。构筑物垂直运输按用途及主体使用材料划分项目。构筑物的高度，从设计室外地坪到构筑物至顶面高度为准，顶面非水平的以结构最高点为准。

烟囱、水塔、筒仓的“高度”是指设计室外地坪至构筑物的顶面高度，突出构筑物主体顶的机房等高度，不计入构筑物高度内。

④设备基础。

a. 设备基础垂直运输工程量按设计图示尺寸以“m^3”计算。

b. 独立设备基础项目按地上 6 m、地下 6 m 考虑，每超深或超高 1 m（增加高度或深度在 0.6 m 以内者不计算增加系数，0.6 m 以上者按每增加 1 m 计算增加费），按相应定额项目分部乘以系数 1.1。

(3)构件运输

构件运输分为施工场内运输和场外运输。场外运输是指在施工现场以外单有预制构件的加工地点，把构件从这个场外加工地点运到施工现场的费用，这个定额项目考虑 1 km 或 3 km 的运输距离，如有不同，可按实调整。

预制混凝土构件运输及安装均按构件图示尺寸，以实体积计算；金属构件按构件图示尺寸以“t”计算；木门窗运输按门窗洞口的面积计算。加气混凝土板（块）、硅酸盐块运输每立方米折合钢筋混凝土构件体积按Ⅱ类构件运输计算。

(4)预制混凝土构件安装

①焊接形成的预制钢筋混凝土框架结构，其柱安装按框架柱计算，梁安装按框架梁计算；预制柱、梁一次制作成型的框架按连体框架梁、柱计算。

②预制钢筋混凝土工字形柱、矩形柱、空腹柱、双肢柱、空心柱按图示设计尺寸以体积计算。

3)大型机械安装、拆卸及场外运输

机械进出场与定额中的台班是两个概念。机械台班是完成每分部分项工程消耗的机械费用（包括机械折旧费、大修理费、机上人工费、经常修理费、燃料动力费等）。大型机械进出场费用是大型机械（非自动行走机械）进场及出场运输费+装卸费+辅助材料费+架线费用等。计取了大型机械进出场费用，不影响机械参与取费，如挖掘机、压路机可计取，洒水车不得计取。

定额解释的是单位工程，一个单位工程和一个单位工程不会是在同一地点，大型设备进出场转移就需要其他设备的配合拆卸和运输，这样就会产生费用，也包括单位工程之间的运输费用。

附录　综合案例

请根据施工图纸编制本工程的施工图预算，包括建筑与装饰工程招标控制价、投标报价的编制。

一、编制依据

综合案例图纸

①《建设工程工程量清单计价规范》(GB 50500—2013)；
②《房屋建筑与装饰工程工程量清单计算规范》(GB 50854—2013)；
③《甘肃省建筑与装饰工程预算定额》(2013 版)；
④甘肃省天水地区 2024 年第一季度指导价。

二、工程概况

招标工程量清单

项目名称：项目 1-1。
建筑面积：2 912.08 m^2。
建设规模：(略)。
建设地点：甘肃省天水市。
已公示的最高投标限价如下：
投标最高限价：××××××. ××元
大写：×××××××××××。

招标控制价

三、建筑与装饰工程招标控制价和投标报价的编制

①根据给定的施工图纸、招标工程量清单及清单定额等计价文件，完成分部分项工程项目及单价措施项目清单组价。

②根据给定的材料换算、系数调整、价差调整等资料，对指定的清单项目进行调价。除甲供材和材料暂估价外，其他材料价格按照工程项目所在地市场信息价格进行调整。

投标报价

③根据甘肃省工程量清单总计价程序，按照给定的费率、措施项目清单、其他

项目清单，完成计价程序各项费用的计算，形成工程总造价。

按工程项目所在地规定，安全文明施工费计取方式为：

（分部分项工程费中的人工费+机械费）×13.57%

冬雨季施工措施费计取方式为：

（分部分项工程费中的人工费+机械费）×2.75%。

④招标控制价编制任务

a. 根据招标文件和设计资料，完成建筑与装饰工程招标控制价的编制。

b. 按上述要求编制招标控制价，包括单项工程招标控制价汇总表、建筑与装饰工程分部分项工程量清单与计价表、建筑与装饰工程措施项目清单与计价表、建筑与装饰工程其他项目清单与计价表、建筑与装饰工程规费税金计价表。

⑤投标报价编制任务：

a. 根据招标文件和设计资料，完成建筑与装饰工程投标报价的编制。

b. 按上述要求编制投标报价，形成投标报价文件，包括单项工程投标报价汇总表、建筑与装饰工程分部分项工程量清单与计价表、建筑与装饰工程措施项目清单与计价表、建筑与装饰工程其他项目清单与计价表、建筑与装饰工程规费税金计价表。

参考文献

[1] 李希然,张春,余春宜. 建筑工程计量与计价[M]. 重庆:重庆大学出版社,2023.

[2] 廖俊燕,李修强,黄丽华. 建筑工程计量与计价实训教程:浙江版[M]. 重庆:重庆大学出版社,2014.

[3] 王全杰,胡一杰,祁巧艳. 建筑工程计量与计价实训教程:甘肃版[M]. 重庆:重庆大学出版社,2015.